普通高等教育"十三五"规划教材

福建省本科高校重大教育教学改革研究项目（FBJG20170332）

泉州市高等学校中青年学科（专业）带头人培养计划

单片微机原理与接口技术

主　编　郑洪庆　安玲玲　程　蔚

参　编　章　玲　黄毓芯　林木泉

　　　　陈双燕　汤巧治　蔡　凡

U0239300

机　械　工　业　出　版　社

本书围绕着 51 内核单片机的硬件结构、C 语言编程技巧和应用系统开发，采用任务驱动与项目实训的方式，以理论够用、注重应用为原则，激发学生的学习兴趣，逐步提高学生的单片机外围接口电路设计和编写程序的逻辑思维能力。本书的实训项目由简单的如何点亮 LED 灯项目开始，引导读者入门，逐步扩展知识面，逐步增加项目难度，使读者积累项目开发的经验，提高实践动手能力、分析与解决问题的能力，掌握单片机系统开发技能。

本书层次结构合理，叙述简明易懂，参编人员有着多年的实际项目开发经验。本书项目来自科研、竞赛、教学实践等，实用性强，提供实训项目代码，还可以提供配套的单片机开发板。

本书可作为高等院校电子信息、计算机、电气工程、自动化、机电一体化、仪器仪表等专业的单片机课程教材，也适合于单片机初学者和从事单片机应用的工程技术人员参考。本书还可以作为电子设计竞赛、蓝桥杯电子类等比赛的培训教材。

图书在版编目（CIP）数据

单片微机原理与接口技术/郑洪庆，安玲玲，程蔚主编. —北京：机械工业出版社，2019.6（2023.6重印）

普通高等教育"十三五"规划教材

ISBN 978-7-111-62421-9

Ⅰ.①单⋯　Ⅱ.①郑⋯　②安⋯　③程⋯　Ⅲ.①单片微型计算机－基础理论－高等学校－教材②单片微型计算机－接口－高等学校－教材 Ⅳ.①TP368.1

中国版本图书馆 CIP 数据核字（2019）第 061584 号

机械工业出版社（北京市百万庄大街 22 号　邮政编码 100037）
策划编辑：王雅新　责任编辑：王雅新　王小东
责任校对：肖　琳　封面设计：张　静
责任印制：张　博
北京雁林吉兆印刷有限公司印刷
2023 年 6 月第 1 版第 3 次印刷
184mm×260mm · 15.25 印张 · 371 千字
标准书号：ISBN 978-7-111-62421-9
定价：39.80 元

电话服务

客服电话：010 - 88361066
　　　　　010 - 88379833
　　　　　010 - 68326294

封底无防伪标均为盗版

网络服务

机 工 官 网：www.cmpbook.com
机 工 官 博：weibo.com/cmp1952
金 书 网：www.golden - book.com
机工教育服务网：www.cmpedu.com

前　言

单片机是工科类本科生教学的主要学科基础课之一，是电子信息工程、通信工程、电气工程、自动化、计算机等专业的一门重要的专业基础课。

目前，在市场上的众多产品中均能看到单片机的身影。单片机以其高性价比、高速度、体积小、可重复编程和方便功能扩展等优点，在实践中得到了广泛应用。目前，51单片机C语言（简称C51语言）的使用越来越广泛，大有取代汇编语言的趋势。学习并熟练掌握C51语言，对于单片机的系统设计和程序开发都非常有用。

本书为"福建省本科高校重大教育教学改革研究项目（FBJG20170332）、泉州市高等学校中青年学科（专业）带头人培养计划、福建省本科高校重大教育教学改革研究项目（JZ160227）、闽南理工学院校级应用型课程改革项目"的研究成果。本书特色如下：

1. 内容全面，由浅入深

本书涵盖了C51语言程序设计所需掌握的各方面知识点。首先详细介绍了51系列单片机的基础知识，包括集成开发环境和开发流程。然后对C51语言程序设计基础知识点结合实例进行全面详细的介绍，包括数据类型与结构、函数、存储结构等内容。接着对C51语言的程序设计方式进行了详细的讲解，包括定时计数器、中断设计、串行接口设计等内容。最后介绍了电子设计各个领域具有代表性的案例，包括键盘设计、总线接口、单片机通信，以及A/D转换等方面的内容。最后设计了一个完整的综合应用实例。

2. 结合实例，强化理解

本书在介绍每个相关知识点的同时，均给出了其在程序设计中的编程示例，每个例子都可以执行，读者可以在学习独立知识点的同时，根据应用示例举一反三，快速掌握相应知识点在整个程序设计系统中的实际应用。

3. 联系硬件，切合需求

本书不仅介绍51单片机的C语言，还对单片机的硬件资源，以及如何使用C51语言来编程控制单片机的各种片上资源进行了详细介绍，主要包括单片机定时器/计数器、中断、USART串行通信接口、EEPROM、SPI串行通信接口、PWM脉宽调制和A/D转换。

4. 案例丰富，分析全面

本书案例丰富，基本上涵盖了电子设计的各个领域，如键盘接口、RS-232通信、SPI总线、掉电参数保护、电动机控制、电压检测等。本书对每一个案例都详细介绍了相关的背景知识、硬件知识、电路设计、程序设计，以及扩展思考等内容，并对整体程序代码按功能分块进行详细的注释，更加易于读者理解。

本书由郑洪庆、安玲玲、程蔚担任主编，郑洪庆负责统稿。蔡凡编写第1章，黄毓芯编写第 5、8 章，章玲编写第 6、7 章，陈双燕编写第 9 章，林木泉编写第 10、16 章，程蔚编写第 12、13 章，汤巧治编写第 11 章，安玲玲编写第 14、15 章，其余内容由郑洪庆编写。

由于编者水平有限，书中肯定存在错误和不足之处，敬请各位同仁不吝批评指正。

编 者

目 录

前言

第1章 单片机入门——基础必备知识 ·········· 1

1.1 单片机概述 ·········· 1
1.1.1 什么是单片机? ·········· 1
1.1.2 单片机应用领域 ·········· 2
1.1.3 如何学好单片机 ·········· 3
1.2 数制与编码 ·········· 3
1.2.1 数制 ·········· 3
1.2.2 数制之间的转换 ·········· 4
1.2.3 常用的编码 ·········· 5
1.3 微型计算机的基本组成和工作过程 ·········· 6
1.3.1 基本组成 ·········· 6
1.3.2 指令、程序与编程语言 ·········· 7
1.3.3 工作过程 ·········· 8
1.4 开发软件环境搭建 ·········· 9
1.5 开发板功能简介 ·········· 13
本章小结 ·········· 14
实训项目 ·········· 14

第2章 点亮 LED 灯——Keil 软件与单片机 I/O ·········· 15

2.1 Keil μVision4 使用方法 ·········· 15
2.1.1 Keil μVision4 工作界面 ·········· 15
2.1.2 Keil 工程的建立 ·········· 15
2.2 单片机最小系统 ·········· 20
2.2.1 电源 ·········· 20
2.2.2 复位电路 ·········· 21
2.2.3 晶振 ·········· 21
2.3 时钟周期、机器周期和指令周期 ·········· 22
2.4 点亮 LED 灯 ·········· 23
2.4.1 LED（发光二极管） ·········· 23
2.4.2 特殊功能寄存器和位定义 ·········· 23
2.4.3 编写程序 ·········· 25
2.5 程序下载 ·········· 26
2.6 74HC573 锁存器 ·········· 29
2.7 74HC02 或非门 ·········· 30

2.8 74HC138 三八译码器 ·········· 31
2.9 单片机资源扩展方式 ·········· 34
本章小结 ·········· 36
实训项目 ·········· 36

第3章 经典再现——C 语言基础 ·········· 37

3.1 C51 程序开发 ·········· 37
3.1.1 采用 C51 的优点 ·········· 37
3.1.2 C51 程序开发过程 ·········· 37
3.1.3 C51 程序结构 ·········· 37
3.2 C51 语言的数据类型 ·········· 38
3.3 C51 语言的运算符 ·········· 39
3.4 C51 语言的控制语句 ·········· 41
3.4.1 if 语句 ·········· 41
3.4.2 switch 语句 ·········· 44
3.4.3 while 语句 ·········· 46
3.4.4 for 语句 ·········· 48
3.4.5 中断语句 break/continue ·········· 51
3.5 C51 函数 ·········· 53
3.5.1 函数定义 ·········· 54
3.5.2 函数的调用 ·········· 54
3.5.3 中断服务函数 ·········· 55
3.6 程序划分为多个文件 ·········· 57
3.6.1 共享宏定义和类型定义 ·········· 57
3.6.2 共享函数原型 ·········· 57
3.6.3 共享变量声明 ·········· 58
3.6.4 保护头文件 ·········· 58
本章小结 ·········· 58
实训项目 ·········· 59

第4章 流水灯实现——C51 编程 ·········· 60

4.1 设计思路 ·········· 60
4.2 软件延时 ·········· 61
4.3 程序实现 ·········· 62
本章小结 ·········· 64
实训项目 ·········· 64

第5章 计数器——数码管显示与独立按键 ·········· 65

5.1 数码管的显示原理 ·········· 65

5.2 数码管的真值表与静态显示 ………… 66
5.3 独立按键检测 …………………………… 68
5.4 计数器实现 ……………………………… 70
5.5 数码管动态显示 ………………………… 72
　5.5.1 C 语言数组回顾 ………………… 72
　5.5.2 动态显示原理 …………………… 73
　5.5.3 程序实现 ………………………… 74
　5.5.4 数码管显示消隐 ………………… 75
本章小结 ……………………………………… 76
实训项目 ……………………………………… 76

第6章 数字秒表——中断系统及
　　　 定时器 …………………………… 77
6.1 中断系统 ………………………………… 77
6.2 中断系统处理过程 ……………………… 78
　6.2.1 51 内核单片机的中断结构 …… 78
　6.2.2 单片机的中断源 ………………… 78
　6.2.3 中断响应及处理过程 …………… 81
6.3 定时器的结构和工作原理 ……………… 83
6.4 定时器的寄存器 ………………………… 84
　6.4.1 T0、T1 的方式寄存器 TMOD …… 84
　6.4.2 T0、T1 的控制寄存器 TCON …… 87
6.5 定时器的应用 …………………………… 87
本章小结 ……………………………………… 91
实训项目 ……………………………………… 92

第7章 频率计——定时器进阶 ………… 93
7.1 NE555 ……………………………………… 93
7.2 方波频率的测量 ………………………… 94
7.3 定时器计数模式 ………………………… 95
7.4 频率计实现 ……………………………… 95
本章小结 ……………………………………… 99
实训项目 ……………………………………… 99

第8章 简易加法计算器——矩阵按键与
　　　 函数进阶 ………………………… 100
8.1 函数的调用 ……………………………… 100
8.2 形参与实参 ……………………………… 103
8.3 矩阵按键扫描 …………………………… 104
　8.3.1 按键消抖 ………………………… 104
　8.3.2 矩阵按键的识别与编码 ………… 105
8.4 简易加法计算器的实现 ………………… 108
本章小结 ……………………………………… 114
实训项目 ……………………………………… 115

第9章 知识沉淀——交通灯设计和
　　　 PWM 控制 ……………………… 116
9.1 交通灯实现 ……………………………… 116

9.1.1 设计要求 ……………………………… 116
9.1.2 硬件电路分析 ………………………… 116
9.1.3 程序设计 ……………………………… 119
9.2 PWM 基础知识 …………………………… 123
9.3 直流电动机 PWM 调速 ………………… 123
　9.3.1 直流电动机简介 ………………… 123
　9.3.2 直流电动机恒速运行 …………… 124
　9.3.3 直流电动机调速 ………………… 127
9.4 PWM 调光 ………………………………… 129
本章小结 ……………………………………… 132
实训项目 ……………………………………… 132

第10章 数据传输——串口通信 ……… 133
10.1 串口通信基础 …………………………… 133
　10.1.1 基本通信方式及特点 …………… 133
　10.1.2 串行通信数据传送方式 ………… 133
　10.1.3 串行通信的传输方向 …………… 134
　10.1.4 串行通信的传输速率 …………… 134
10.2 单片机与 PC 常见通信接口 ………… 135
10.3 串口结构与工作原理 ………………… 137
10.4 波特率与定时器 ……………………… 138
10.5 编程与实现 …………………………… 139
10.6 ASCII 码 ……………………………… 142
本章小结 ……………………………………… 143
实训项目 ……………………………………… 143

第11章 温度计——DS18B20 温度
　　　　传感器应用 ………………… 144
11.1 DS18B20 温度传感器介绍 …………… 144
　11.1.1 DS18B20 主要特性 …………… 144
　11.1.2 DS18B20 应用电路原理图 …… 145
11.2 DS18B20 工作原理 …………………… 147
　11.2.1 DS18B20 的通信协议 ………… 147
　11.2.2 DS18B20 单总线通信过程 …… 151
11.3 DS18B20 应用实例 …………………… 152
　11.3.1 DS18B20 的测温与显示——整数
　　　　 显示 ………………………… 152
　11.3.2 DS18B20 的测温与显示——带 1 位
　　　　 小数显示 …………………… 156
本章小结 ……………………………………… 158
实训项目 ……………………………………… 158

第12章 记录开机次数——IIC 总线与
　　　　EEPROM（AT24C02）应用 …… 159
12.1 IIC 总线基础 ………………………… 159

12.2　IIC 寻址模式 ·············· 161

12.3　IIC 总线时序模拟 ·········· 162

12.4　AT24C02 操作（写和读操作）······· 165

12.5　记录开机次数实现 ········· 167

本章小结 ······················· 170

实训项目 ······················· 171

第 13 章　光照强度检测——A/D 与 D/A

**　　　　　（PCF8591 应用）**·········· 172

13.1　A/D 和 D/A 的基本概念 ··· 172

13.2　ADC 的主要指标 ·········· 172

13.3　PCF8591 与单片机的接口 ··· 173

13.4　PCF8591 程序实现 ········ 174

13.5　光照强度检测 ············· 178

13.6　D/A 输出 ················· 181

本章小结 ······················· 185

实训项目 ······················· 185

第 14 章　电子时钟——DS1302 应用 ··· 186

14.1　DS1302 的基础知识 ······· 186

14.2　DS1302 芯片简介 ········· 186

14.3　DS1302 显示时钟的实例 ··· 188

14.3.1　电子时钟基础 ········· 188

14.3.2　电子时钟进阶——带时间调整、

　　　　闹铃功能的电子时钟设计 ··· 194

本章小结 ······················· 202

实训项目 ······················· 202

第 15 章　电子万年历——LCD1602 液晶

**　　　　　显示器的应用** ··········· 203

15.1　LCD1602 模块的外形及引脚 ·········· 203

15.2　LCD1602 模块的组成 ······ 204

15.3　LCD1602 模块的命令 ······ 205

15.4　电子万年历 ··············· 206

15.4.1　设计任务 ············· 206

15.4.2　硬件电路分析 ········· 207

15.4.3　程序设计 ············· 207

本章小结 ······················· 222

实训项目 ······················· 222

第 16 章　综合应用设计 ··········· 223

16.1　模拟风扇控制系统设计 ····· 223

16.2　智能物料传送系统设计 ····· 224

本章小结 ······················· 226

实训项目 ······················· 226

第 17 章　单片机应用系统设计方法 ··· 227

17.1　单片机应用系统设计过程 ··· 227

17.1.1　系统设计的基本要求 ··· 227

17.1.2　系统设计的步骤 ······ 228

17.2　提高系统可靠性的一般方法 ·· 229

17.2.1　电源干扰及其抑制 ···· 229

17.2.2　地线干扰及其抑制 ···· 230

17.2.3　其他提高系统可靠性的方法 ··· 230

本章小结 ······················· 231

实训项目 ······················· 231

附录　常用 ASC Ⅱ 码表 ·········· 232

参考文献 ······················· 233

第1章 单片机入门——基础必备知识

教学目标
1. 通过本章的学习，使学生了解单片机的组成。
2. 掌握单片机开发过程中的数制转换。
3. 掌握单片机开发环境搭建、单片机的学习方法。

重点内容
1. 数制转换。
2. 单片机开发环境搭建。

1.1 单片机概述

1.1.1 什么是单片机？

介绍单片机之前，先了解一下计算机（computer）。由硬件系统和软件系统所组成，没有安装任何软件的计算机称为裸机。硬件系统包括电源、主板、CPU、内存、硬盘、声卡、网卡、显卡、光驱、键盘、鼠标、显示器等。

单片机（micro-controller）属于一种特殊的计算机，它是把一台计算机的多种功能集成到了一块芯片里。简单说，单片机就是一种集成电路芯片，把中央处理器（CPU）、随机存储器（RAM）、只读存储器（ROM）、多种输入/输出（I/O）口等功能集成到一块硅片上构成的一个微型计算机系统。表1-1为单片机与计算机的对比。

表1-1 单片机与计算机对比

序号	单片机		计算机
1	CPU		CPU
2	RAM	相当于	内存
3	ROM		硬盘
4	多种 I/O 口		声卡、网卡、显卡、光驱、键盘、鼠标

单片机在工业领域有着广泛的应用，通过学习掌握单片机的编程语言，编写不同的程序，让它能按照工程师的想法完成从各个引脚上发出不同的高、低电平信息，完成不同的输入、输出控制要求，代替人完成各种智能控制任务。可以采用 C 语言和汇编语言编程，建议采用 C 语言编程。

本书主要讲解比较基础的 51 内核的单片机。世界上不同芯片厂家生产的单片机种类很多，如 51 单片机、STM32 单片机、AVR 单片机、PIC 单片机等。部分厂家生产的 51 内核单片机如表1-2 所示。

表 1-2　部分厂家生产的 51 内核单片机

公司	产品
AT（Atmel）	AT89C51、AT89C52、AT89C53、AT89S51、AT89S52、AT89LS53 等
STC	STC89C51RC、STC89C52RC、STC89C53RC 等
Winbond（华邦）	W78C54、W78C58、W78E54、W78E58 等

　　由于厂家及芯片型号较多，这里不一一列出。51 内核单片机是最基础的单片机，学会该系列单片机，再学其他高级的单片机就比较轻松，基本思路和方法是一样的。

　　本书重点讲解 STC89C52RC 单片机，如图 1-1 所示。

图 1-1　单片机实物图

其标识含义如下：

　　STC——前缀，表示芯片为 STC 公司生产的产品。其他前缀还有如：AT、I、Winbond、SST 等。

　　8——表示该芯片为 8051 内核芯片。

　　9——表示内部含 Flash、E^2PROM 寄存器。还有如 80C51 中 0 表示内部含有 Mask Rom（掩模 ROM）存储器；又如 87C51 中 7 表示内部含有 EPROM 存储器（紫外线可擦除 ROM）。

　　C——表示该器件为 CMOS 产品。还有如 89LV52 和 89LE58 中的 LV 和 LE 都表示该芯片为低电压产品（通常为 3.3V 供电）；而 89S52 中 S 表示该芯片含有可串行下载功能的 Flash 存储器，即具有 ISP 可在线编程功能。

　　5——固定不变。

　　2——表示该芯片内部程序存储空间大小。1 为基本型 4KB，2 为加强型 8KB……。

　　RC——STC 单片机内部 RAM（随机读写存储器）为 512B。还有如 RD + 表示内部 RAM 为 1280B。

　　40——表示芯片外部晶振最高可接入 40MHz。对 AT 单片机数值一般为 24，表示外部可接入晶振最高 24MHz。

　　I——产品级别，表示芯片使用温度范围。I 表示工业级，温度范围：-40～85℃。

　　PDIP——表示封装型号。PDIP 表示双列直插式。

1.1.2　单片机应用领域

　　单片机属于控制类芯片，近年来在各种领域都有着广泛的应用，具体如下：

（1）实时工业控制 单片机用于各种物理量采集与控制，如电流、电压、温度、液位、流量等物理参数的采集和控制。可以根据被控对象的不同特征采用不同的算法，实现期望的控制指标，从而提高生产效率。如：电动机转速控制、温度控制、自动生产线控制等。

（2）智能仪器仪表 单片机用于各种仪器仪表，提高了仪器仪表的使用功能和精度，使仪器仪表智能化。如：各种智能电气测量仪表、智能传感器等。

（3）消费类电子产品 如洗衣机、电冰箱、空调机、电视机、微波炉、IC 卡、汽车电子设备、高档玩具、医疗设备、打印机、点钞机等。

（4）通信 如调制解调器、程控交换机、手机等。

（5）交通设备 在交通领域中，单片机在汽车、火车、飞机、航天器等方面均有着广泛应用，如汽车自动驾驶系统、航天测控系统等。

1.1.3 如何学好单片机

对于单片机的初学者来说，学习的方法和途径非常重要。学习单片机不是为了应付考试，而是学会如何利用单片机进行系统开发。

单片机的学习方法：1 块开发板 + 实践、2 个老师、3 个重点、4 个步骤。

1 块开发板 + 实践： 目前，大部分大学生处于这种状态。

课堂上听了，回去就忘了，考前复习下，考后又忘记了。

学习单片机一定要动手实践，并在实践中成长，切记犯"眼高手低"的毛病。

2 个老师： 在实践过程中，遇到问题，要先学会从网络、书本中找答案，不要碰到问题就马上想到问老师。老师直接告诉的答案，没有自己找的答案印象深刻。只有自己经历过，琢磨过，印象才更加深刻。

3 个重点： ①单片机内部结构及工作原理；②寄存器配置；③编程思路 - 逻辑思维。

4 个步骤：

1）＜照葫芦画瓢＞。对于单片机的初学者来说，可能对单片机的内部结构、C 语言编程方法、单片机外部器件等概念全无或不理解。建议刚开始，先记住，照着做。

2）＜他山之石，可以攻玉＞。通过修改前人的程序来实现自己产品的功能，在工程师实际产品研发的时候，比如一个产品，如果从零起步的话，可能会走很多弯路，遇到前人已经遇到的问题。所以通常的做法是寻找或购买同类的产品，根据自己的功能，在同类产品的基础上设计出自己的产品，缩短开发周期。

3）＜温故知新＞。实践—理论—实践—理论—实践，一直循环下去。有的知识点在学的时候不明白，过了段时间，回头再学习的时候就明白了（恍然大悟）。

4）＜举一反三＞。

1.2 数制与编码

1.2.1 数制

单片机常用的数制有二进制、十进制、十六进制。

1. 二进制

数字电路中只有两种电平特性,即高电平和低电平,只需要用"0"和"1"两个数字区分就可以了。所以数字电路中使用二进制,单片机、计算机也是采用二进制。

在二进制数的末尾加字母 B 表示它是一个二进制数,如:1010B。二进制的基数为 2,二进制遵循"逢二进一,借一当二"的原则。

2. 十进制

十进制是大家熟悉的进制,有 0~9 十个数。在十进制数的末尾加字母 D 或省略表示它是一个十进制数,如 6789D。十进制的基数为 10,十进制遵循"逢十进一,借一当十"的原则。

3. 十六进制

十六进制有 0~9、A、B、C、D、E、F 共十六个数。在十六进制数的末尾加字母 H 表示它是一个十六进制数,如 6A8CH。十六进制的基数为 16,十六进制遵循"逢十六进一,借一当十六"的原则。在 C 语言编程中,把十六进制数写成带前缀 0x。采用十六进制可以大大减轻阅读和书写二进制数时的负担。

1.2.2 数制之间的转换

三种常用进制之间的转换如表 1-3 所示。

表 1-3 常用进制之间的转换

二进制	十进制	十六进制	二进制	十进制	十六进制	二进制	十进制	十六进制
0000	0	0	0110	6	6	1100	12	C
0001	1	1	0111	7	7	1101	13	D
0010	2	2	1000	8	8	1110	14	E
0011	3	3	1001	9	9	1111	15	F
0100	4	4	1010	10	A			
0101	5	5	1011	11	B			

以上三种进制之间的转换,记住"8421"码。

如: 8 4 2 1

二进制 0 1 0 1 转化成十进制 4 + 1 = 5,十六进制 0x5(5H)

       8 4 2 1

二进制 1 1 0 1 转化成十进制 8 + 4 + 1 = 13,十六进制 0xD(DH)

          8 4 2 1

十进制 9 = 8 + 1,二进制为 1 0 0 1。

十六进制与二进制之间的转换采用四位合一或一分四位的方法:

如二进制数 110100111010B 转十六进制数为 D3AH

          1101 0011 1010

           D   3   A

十六进制数 D08AH 转二进制数为 1101 0000 1000 1010B

          D   0   8   A

          1101 0000   1000   1010

思考：0～255 共 256 个数，用十六进制怎么表示?

首先十进制 0～7 共 8 个数，用二进制 000～111 表示，需要 3 个位表示，即 8 = 2^3 表示。得到幂的值刚好就是二进制的位数。

$256 = 2^8$，也就需要 8 个位才够表示，00000000～11111111 转换成十六进制为，00H～FFH（C 语言中为 0x00～0xff）。

同理：8K 字节 ROM，用十六进制表示其地址。

8K = 2^3 * 2^10 = 2^13，需要 13 位才够表示，0 0000 0000 0000～1 1111 1111 1111 转换为十六进制为 0000H～1FFFH。

1.2.3　常用的编码

单片机只能识别二进制数，因此涉及的数字、字母和符号需要事先进行二进制编码，便于单片机识别、存储、处理、传送。单片机常用的编码主要有两种。

1. ASCII 码（字符编码）

单片机有时要处理大量数字、字母和符号，需要对这些数字、字母和符号进行二进制编码。这些被编码的信息统称为字符。这些数字、字母和符号的二进制编码又称为字符编码。

通常 ASCII 码由 7 位二进制数码构成，共 128 个字符编码。这些字符分为两类：一类是图形字符，共 96 个；另一类是控制字符，共 32 个。图形字符又包括十进制字符 10 个，大小写英文字母 52 个，其他字符 34 个。数字 0～9 的 ASCII 码为 30H～39H，大写字母的 ASCII 码为 41H～51H。

详见附录常用 ASCII 码表。

2. BCD 码

BCD 码是一种十进制的二进制编码。BCD 码种类比较多，以 8421 码为例，因组成它的四位二进制数码的权为 8、4、2、1 而得名。

压缩 BCD 码采用四位二进制来代表一位十进制数码，BCD 码与十进制代码的对应关系如表 1-4 所示。

表 1-4　8421BCD 码编码表

十进制数	8421 码	十进制数	8421 码
0	0000	8	1000
1	0001	9	1001
2	0010	10	0001 0000
3	0011	11	0001 0001
4	0100	12	0001 0010
5	0101	13	0001 0011
6	0110	14	0001 0100
7	0111	15	0001 0101

由表可见，用 BCD 码表示十进制数时，10 以上的十进制数至少需要 8 位二进制数字（两位 BCD 码字）来表示。BCD 码以二进制形式出现，是逢十进位的，但它不是一个真正的二进制数，因为二进制数是逢二进位的。

1.3　微型计算机的基本组成和工作过程

1.3.1　基本组成

1942 年 2 月 15 日，第一台电子数字计算机 ENIAC（Electronic Numerical Integrator and Computer）问世，标志着计算机时代的到来。

1946 年 6 月，匈牙利籍数学家冯·诺依曼提出了"程序存储"和"二进制运算"的思想，进一步构建了由运算器、控制器、存储器、输入设备和输出设备组成的这一经典的计算机结构，如图 1-2 所示。

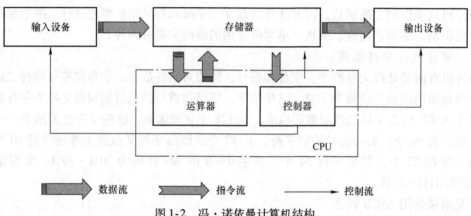

图 1-2　冯·诺依曼计算机结构

电子计算机技术的发展，相继经历了电子管计算机、晶体管计算机、集成电路计算机、大规模集成电路计算机和超大规模计算机五个时代，但是计算机的结构始终没有突破冯·诺依曼的经典结构。

随着集成电路技术的飞速发展，1971 年 1 月，Intel 公司的德·霍夫将运算器、控制器以及一些寄存器集成在一块芯片上，即称为微处理器或中央处理单元（简称 CPU）。图 1-3 为微型计算机的组成框架，由微处理器、存储器（ROM、RAM）和输入输出接口（I/O 接口）和连接它们的总线组成。

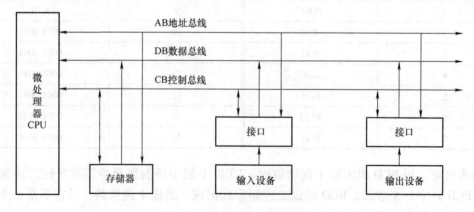

图 1-3　微型计算机组成框图

1. 运算器

运算器又称算术逻辑单元（Arithmetic Logic Unit，ALU）。它是计算机对数据进行加工处理的部件，包括算术运算（加、减、乘、除等）和逻辑运算（与、或、非、异或、比较等）。

2. 控制器

控制器负责从存储器中取出指令，并对指令进行译码；根据指令的要求，按时间的先后顺序，负责向其他各部件发出控制信号，保证各部件协调一致地工作，一步一步地完成各种操作。控制器主要由指令寄存器、译码器、程序计数器、操作控制器等组成。

硬件系统的核心是中央处理器（Central Processing Unit，CPU）。它主要由控制器、运算器等组成，并采用大规模集成电路工艺制成的芯片，又称微处理器芯片。

3. 存储器

存储器是计算机记忆或暂存数据的部件。计算机中的全部信息，包括原始的输入数据。经过初步加工的中间数据以及最后处理完成的有用信息都存放在存储器中。而且，指挥计算机运行的各种程序，即规定对输入数据如何进行加工处理的一系列指令也都存放在存储器中。存储器分为内存储器（内存）和外存储器（外存）两种。

4. 输入设备

输入设备是给计算机输入信息的设备。它是重要的人机接口，负责将输入的信息（包括数据和指令）转换成计算机能识别的二进制代码，送入存储器保存。

5. 输出设备

输出设备是输出计算机处理结果的设备。在大多数情况下，它将这些结果转换成便于人们识别的形式。

1.3.2 指令、程序与编程语言

一个完整的计算机是由硬件和软件两部分组成的，缺一不可。计算机的硬件部分是看得到、摸得着的实体部分，但硬件部分只有在软件的指挥下，才能发挥其功能。计算机事先把程序加载到存储器中，启动运行后，自动按照程序进行工作。

指令是规定计算机完成特定任务的命令，微处理器就是根据指令指挥与控制计算机各部分协调地工作。

程序是指令的集合，是解决某个具体任务的一组指令。在计算机完成某个任务之前，须事先把程序以二进制代码（机器代码）的形式存放在程序存储器中。

编程语言分为机器代码、汇编语言和高级语言。

机器代码是用二进制代码表示的，是机器能直接识别的语言（计算机是以二进制计数）。

汇编语言是用英文助记符来描述指令的，但不能独立于机器。

高级语言是采用独立于机器，人们习惯使用的语言形式，比如C语言。

举例：

把累加器A的内容加1，就是一条单片机指令，用二进制代码"0000 0100B"表示，单片机可以识别并执行。但如果指令较多时，记忆起来比较困难。用英文助记符"INC A"表示，容易记忆。

　　汇编语言实质上是机器语言的助记符。CPU 只能运行它所支持的指令集，而这些指令集当中的每条指令都是一些二进制数的序列，也就是"0"和"1"的有序组合；而"0"和"1"的组合不便于程序员的记忆，因此有了"MOV　A　0x40"等这样的助记符。所以汇编语言编译成 CPU 可执行的机器语言，其实只要做一个翻译的动作就好了。而用 C 语言编写完程序后，需要通过编译器将 C 语言编译成与相应 CPU 指令集对应的机器语言。汇编语言与机器语言是一一对应的。但是 C 语言呢？C 语言的语法是固定的，C 语言编写的程序要编译成 CPU 能读懂的机器语言，因此需要有编译规则，所以运行效率低一些。也可以说，C 语言是面向程序员的语言，而汇编语言是直接面向 CPU 的语言。

1.3.3　工作过程

　　微型计算机的工作过程就是执行程序的过程，计算机执行程序是一条指令、一条指令执行的。执行一条指令的过程分为三个阶段：取指、指令译码与执行指令，每执行完一条指令，自动转向下一条指令的执行。

　　1. 取指

　　根据程序计数器 PC 中的地址，到程序存储器中取出指令代码，并送到指令寄存器中，然后 PC 自动加 1，指向下一指令（或指令字节）地址。

　　2. 指令译码

　　指令译码器对指令寄存器中的指令代码进行译码，判断出当前指令代码的工作任务。

　　3. 执行指令

　　判断出当前指令代码任务后，控制器自动发出一系列微指令，指挥计算机协调地动作，完成当前指令指定的工作任务。图 1-4 所示为微型计算机工作过程的示意图，程序存储器从 0000H 开始存放了如下所示的指令代码。

```
汇编源程序              对应的机器代码
ORG 0000H              ；伪指令，指定下列程序代码从 0000H 地址开始存放
MOV  A, #0FH           ；740FH
ADD  A, 22H            ；2522H
MOV  P1, A             ；F590H
SJMP  $               ；80FEH
```

　　下面分析微型计算机的工作过程：

　　1）将 PC 内容 0000H 送地址寄存器 MAR。

　　2）PC 值自动加 1，为取下一条指令字节的机器代码做准备。

　　3）MAR 中的地址经地址译码器找到程序存储器 0000H 单元。

　　4）CPU 发读命令。

　　5）将 0000H 单元内容 74H 读出，送至数据寄存器 MDR 中。

　　6）接着，将 74H 送指令寄存器 IR 中。

　　7）经指令译码器 ID 译码，判断出指令代码所代表的功能，由操作控制器 OC 发出相应的微操作控制信号，完成指令操作。

　　8）根据指令功能要求，PC 内容 0001H 送地址寄存器 MAR。

　　9）PC 值自动加 1，为取下一个指令字节的机器代码做准备。

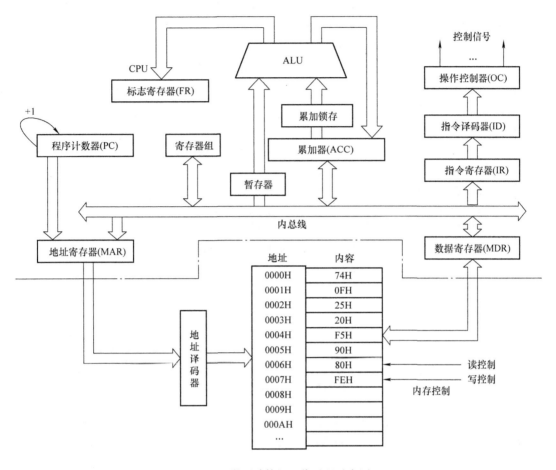

图 1-4　微型计算机工作过程示意图

10）MAR 中的地址经地址译码器找到程序存储器 0001H 单元。

11）CPU 发读命令。

12）将 0001H 单元内容 0FH 读出，送至数据寄存器 MDR 中。

13）因为此次读取的是数据，故读出后根据指令功能直接送累加器 A，至此，完成该指令操作。

14）接着，再重复以上过程，逐条地读取指令、指令译码、执行指令。

1.4　开发软件环境搭建

计算机要能工作，需要程序支撑。但人们习惯用 C 语言或汇编语言编写程序，这些代码机器无法识别运行。使用时，需要先把这些代码汇编成单片机能够识别执行的机器代码。常用的汇编方法有两种，一是早期的手工汇编，设计人员对照单片机指令编码表，把每条指令翻译成十六进制数表示的代码，该方式工作量大，效率低。二是现在普遍采用的利用计算机交叉汇编，借助编程软件完成。

本书采用编程软件为 Keil uVision4 的 51 版本，下面介绍该软件的安装。

1）下载 Keil uVision4 安装软件 C51_V952. exe。单击安装文件右键，选择以管理员身份运行，弹出安装欢迎界面，如图 1-5 所示。

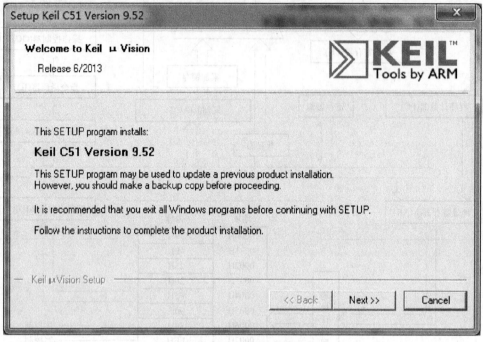

图 1-5　Keil 安装欢迎界面

2）单击 Next 按钮，弹出 License Agreement 对话框，如图 1-6 所示。这里显示的是安装许可协议，在 "I agree to all the terms of the preceding License Agreement" 处打勾。

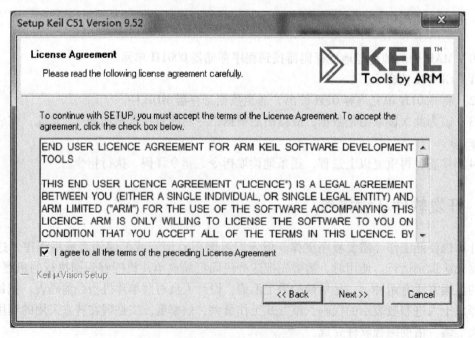

图 1-6　License Agreement 对话框

3）单击 Next 按钮，弹出 Folder Selection 对话框，如图 1-7 所示。设置安装路径，默认安装在 C：\ Keil 文件夹。单击 Browse 按钮，可以修改安装路径，自己选择的路径不要出现中文字符。建议采用默认路径安装。

图 1-7　Folder Selection 对话框

4）单击 Next 按钮，弹出 Customer Information 对话框，如图 1-8 所示。输入用户名、公司名称以及 E – mail 地址即可。

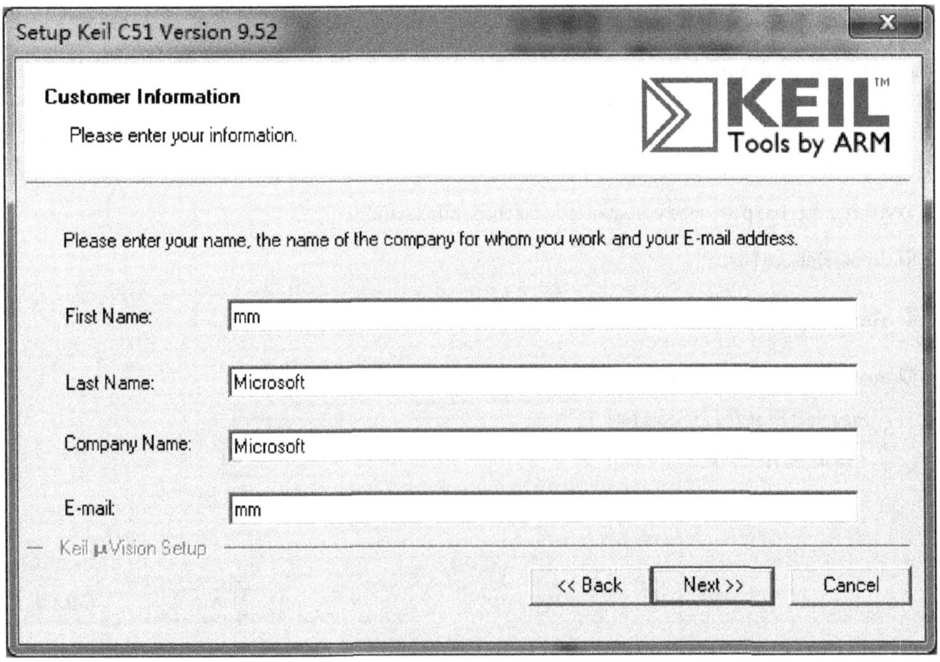

图 1-8　用户信息

5）单击 Next 按钮，就会自动安装软件，如图 1-9 所示。

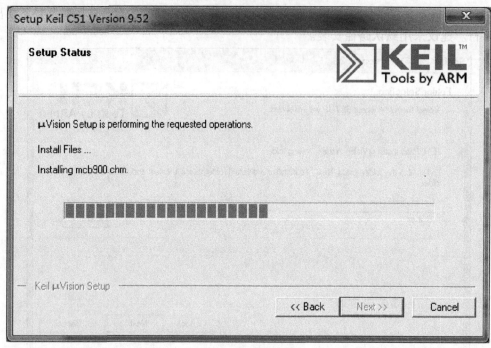

图 1-9　安装过程

6）安装完成后弹出安装完成对话框，如图 1-10 所示，并且出现几个选项，先把这几个选项的对号全部去掉，暂且不用关注具体什么作用。

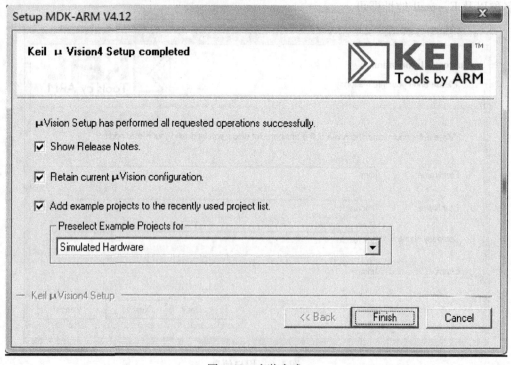

图 1-10　安装完成

7）最后，单击 Finish 按钮，Keil 编程软件开发环境安装完成了。

1.5　开发板功能简介

开发板实物图如图 1-11 所示。

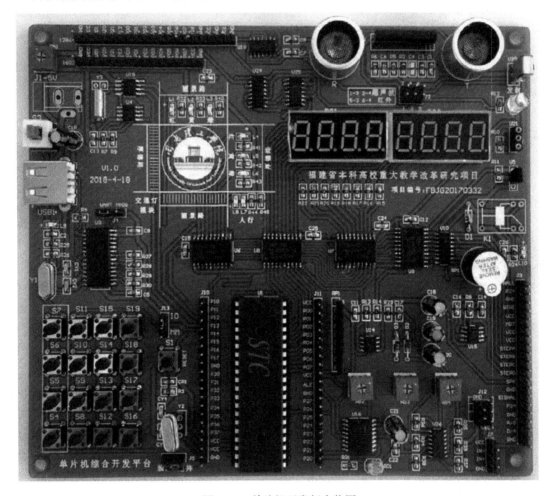

图 1-11　单片机开发板实物图

支持芯片为宏晶科技：STC89C52、STC12C5A60S2、STC11/10x 等系列。ATmel 51 系列：AT89S52。

硬件资源如下：

◇ 4×4 矩阵键盘（其中 4 个可以作为独立按键使用）

◇ 8 个 LED 指示灯

◇ 8 位 8 段共阳数码管

◇ LCM1602 接口

◇ AD、DA 转换芯片 PCF8591

◇ EEPROM 芯片 AT24C02

◇ USB 转串口、并口模块（USB – ISP）

◇ 继电器模块

◇ 蜂鸣器模块

◇ LCM 12864 接口

◇ 红外一体头 1838

◇ 红外发射管

◇ HALL 器件接口（感应磁场强度）

◇ DS1302 时钟芯片

◇ 数字温度传感器 DS18B20

◇ 光敏器件

◇ 超声波收发模块

◇ LM386 音频功放模块（可驱动无源扬声器，用于音乐播放实验）

◇ LM324 放大模块（差分放大电路，放大压力传感器输出的差分信号）

◇ NE555 信号发生模块（用于频率测量实验）

◇ 直流电动机接口

◇ 步进电动机接口

本章小结

　　冯·诺依曼提出了"程序存储"和"二进制运算"的思想，并构建了计算机由运算器、控制器、存储器、输入设备和输出设备所组成的经典结构。将运算器、控制器以及各种寄存器集成在一片集成电路芯片上，组成中央处理器（CPU）或微处理器。微处理器配上存储器、输入/输出接口便构成了微型计算机。

　　单片机是把微处理器、存储器（RAM 和 ROM）、输入/输出接口电路以及定时器/计数器等集成在一起的集成电路芯片，它具有体积小、价格低、可靠性高和易于嵌入式应用等特点，极适合于作为智能仪器仪表和工业测控系统的前端装置。

　　单片机是为满足工业控制而设计的，具有良好的实时控制性能和灵活的嵌入品质，近年来在智能仪器仪表、机电一体化产品、实时工业控制、分布系统的前端模块和家用电器等领域都获得了极为广泛的应用。

　　Keil 集成开发环境集编辑、编译（或汇编）、仿真调试等功能于一体，具有当代典型嵌入式处理器开发的流行界面。学会该软件的基本使用方法是掌握单片机应用技术的基础。

实训项目

　　1. 计算机由哪几部分组成？

　　2. 微型计算机由哪几部分组成？

　　3. 什么叫单片机？其主要特点有哪些？

　　4. 单片机适用于什么场合？

　　5. 熟悉开发软件环境搭建。

第2章 点亮 LED 灯——Keil 软件与单片机 I/O

教学目标

1. 通过本章的学习，使学生了解单片机最小系统、不同周期之间的转换、Keil 工程的创建。

2. 掌握 74HC573、74HC02、74HC138 器件的使用方法。

3. 掌握单片机 I/O 口的使用方法。

重点内容

1. I/O 的使用。

2. 74HC573、74HC02、74HC138 的使用。

2.1 Keil μVision4 使用方法

2.1.1 Keil μVision4 工作界面

Keil μVision4 运行在 Windows 操作系统上，其内部集成了 Keil C51 编译器，集项目管理、编译工具、代码编写工具、代码调试以及仿真于一体，提供了一个简单易用的开发平台。C51 编译器是将用户编写的 C51 语言或汇编语言"翻译"为"机器代码（机器语言）"的程序。

进入 Keil 后，屏幕如图 2-1 所示，紧接着出现编辑界面，如图 2-2 所示。

Keil μVision4 的编辑界面由标题栏、菜单栏、工具栏、项目管理窗口、输出窗口、状态栏、代码和文本编辑窗口组成。

图 2-1　Keil 软件的欢迎屏幕　　　　　　图 2-2　编辑界面

2.1.2 Keil 工程的建立

对于单片机程序来说，每个功能程序都必须有一个配套的工程（Project），一个工程代表单片机要实现一个功能。具体步骤如下：

1）新建一个工程，单击菜单栏【Project】中的【New μVision Project】选项，如图 2-3 所示。

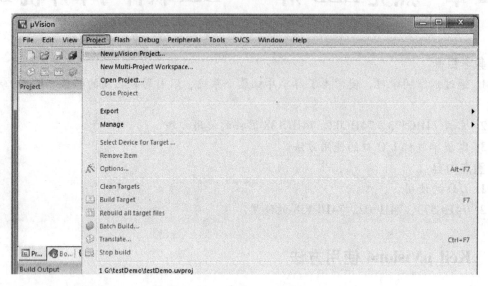

图 2-3　新建一个工程

2）选择工程要保存的路径，输入工程文件名。Keil 的一个工程通常包含很多小文件，为了方便管理，通常将一个工程存放在一个独立文件夹下。比如在 G：\ program \ chapter2 的 led 文件夹，创建名为 led 的工程，如图 2-4 所示。然后单击【保存】按钮，工程建立后，软件会自动添加扩展名 . uvproj，如图 2-5 所示。如需再次打开 led 这个工程，直接到这个文件下，双击 led. uvproj 文件即可。

图 2-4　保存工程

（注：建议存放路径不要出现中文，文件夹命名尽量采用英文，并遵循"驼峰式命名

图 2-5　工程所在位置

法"，做到望文生义)。

　　驼峰式命名法又称骆驼式命名法（Camel – Case），是计算机程式编写时的一套命名规则（惯例）。正如它的名称 Camel – Case 所表示的那样，是指混合使用大小写字母来构成变量和函数的名字。程序员们为了自己的代码能更容易地在同行之间交流，所以多采取统一的可读性比较好的命名方式。

　　驼峰式命名法就是当变量名或函数名是由一个或多个单词连结在一起，而构成的唯一识别字时，**第一个单词以小写字母开始；第二个单词的首字母大写或每一个单词的首字母都采用大写字母**，例如：myFirstName、myLastName，这样的变量名看上去就像骆驼峰一样此起彼伏。

　　3）保存之后会弹出一个对话框，如图 2-6 所示，要求用户选择单片机的型号，用户根据使用的单片机来选择。开发板用的是 STC89C52，所以选择 STC 公司的 STC89C52。右边【Description】栏中是对该型号单片机的基本说明。然后单击 OK 按钮。

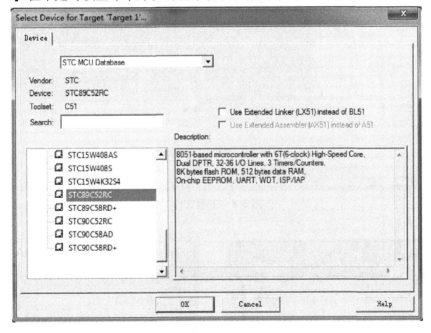

图 2-6　单片机型号选择

4）单击 OK 按钮后，弹出一个对话框，如图 2-7 所示。每个工程都需要一段启动代码，如果单击"否"，编译器会自动处理这个问题，如果单击"是"，这部分代码会提供给用户，用户自己去处理这部分代码。针对初学者，这里统一选择"否"。

图 2-7　启动代码选择

5）这样工程就建立好了，如图 2-8 所示。

6）图 2-8 中，项目管理窗口中的【Source Group1】中是空的。一个工程中没有程序代码，是无法工作的。接下来新建编程代码的文件，单击菜单栏【File】中的【New】选项，如图 2-9 所示，或单击工具栏中空白文件按钮，如图 2-10 所示。

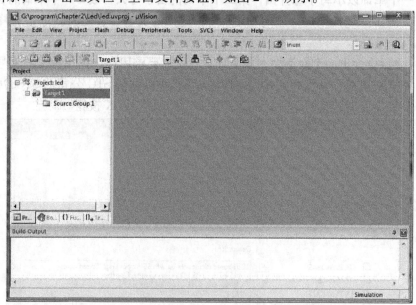

图 2-8　工程文件

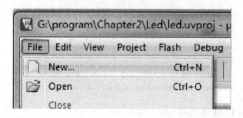

图 2-9　新建文件方式 1

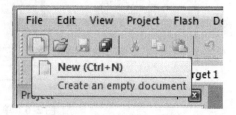

图 2-10　新建文件方式 2

接着单击菜单栏【File】中的【Save】选项或单击工具栏中的保存按钮，保存文件，如图 2-11 所示。文件名命名为 led. c（因为采用 C 语言编程，所以后缀名为 . c；如果采用汇编语言，则文件后缀名为 . asm 或 . a）。

图 2-11　保存文件

7）做完以上 6 步，工程项目管理窗口中的【Source Group1】中还是空的，需要将刚才新建的程序文件添加到工程中。单击工程项目管理窗口中的【Source Group1】文件夹右键，选择 "Add Existing Files to Group 'Source Group1'…"，如图 2-12 所示。

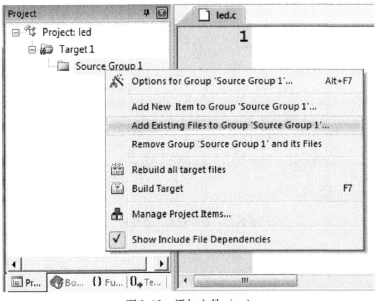

图 2-12　添加文件（一）

在弹出的对话框中，选择 led. c 文件，然后单击 Add 按钮，或直接双击 led. c。然后单击 Close 按钮，如图 2-13 所示。这时候在工程项目管理窗口中的【Source Group1】文件夹里多一个 led. c 文件，如图 2-14 所示。

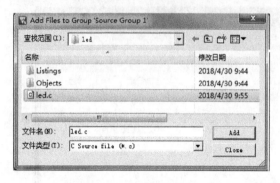

图 2-13　添加文件（二）

图 2-14　工程视图

做完以上步骤，完成前期工作，接下来编写程序代码。在编写代码之前，需要先了解单片机最小系统和单片机 I/O 口的内部结构等。

2. 2　单片机最小系统

用最少的元器件组成单片机可以工作的系统，称为单片机最小系统。单片机最小系统的三要素是电源、晶振、复位电路，如图 2-15 所示。

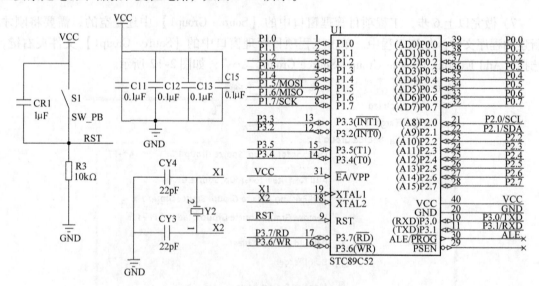

图 2-15　单片机最小系统图

2. 2. 1　电源

电子设备都需要供电，单片机也不例外，目前市场上的单片机的电源分为 5V 和 3.3V

两个标准。STC89C52 单片机是 5V 供电。开发
板使用 USB 口输出的直流 5V 供电。STC89C52
单片机的引脚布局图如图 2-16 所示,从图中可
以看出单片机的供电电路在 40 和 20 引脚上,
40 脚接 VCC (接 5V),电源正极,20 脚接
GND,电源的负极。VCC 和 GND 之间接的电
容起滤波作用。

　　单片机的引脚号码布局原则:从芯片的缺
口开始,按照逆时针顺序排列 (1 ~ 40)。

2.2.2　复位电路

　　在单片机系统中,复位电路是非常关键的,
当程序跑飞 (运行不正常) 或死机 (停止运
行) 时,就需要进行复位。

　　单片机的复位引脚 RST (第 9 引脚) 出现
2 个机器周期以上的高电平时,单片机就执行

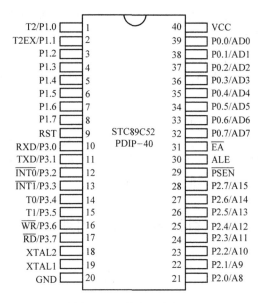

图 2-16　单片机引脚图

复位操作。如果 RST 持续为高电平,单片机就处于循环复位状态。

　　复位操作通常有两种基本形式:上电自动复位和按键复位。图 2-15 所示的复位电路就
包括了这两种复位方式。上电瞬间,电容两端电压不能突变,此时电容的负极和 RESET 相
连,电压全部加在了电阻上,RESET 的输入为高,芯片被复位。随之 +5V 电源给电容充
电,电阻上的电压逐渐减小,最后约等于 0,芯片正常工作。并联在电容的两端为复位按
键,当复位按键没有被按下时电路实现上电复位,在芯片正常工作后,通过按下按键使 RST
引脚出现高电平达到手动复位的效果。一般来说,只要 RST 引脚上保持 10ms 以上的高电
平,就能使单片机有效复位。图中所示的复位电阻和电容为经典值,实际制作时可以用同一
数量级的电阻和电容代替,读者也可自行计算 RC 充电时间或在工作环境实际测量,以确保
单片机的复位电路可靠。

2.2.3　晶振

　　在设计时钟电路之前,先了解一下 STC89C52 单片机上的时钟引脚。

　　XTAL1 (19 脚):芯片内部振荡电路输入端。

　　XTAL2 (18 脚):芯片内部振荡电路输出端。

　　XTAL1 和 XTAL2 是独立的输入和输出反相放大器,它们可以被配置为使用石英晶振的
片内振荡器,或者是器件直接由外部时钟驱动。图 2-15 中采用的是内时钟模式,即利用芯
片内部的振荡电路,在 XTAL1、XTAL2 的引脚上外接定时元件 (一个石英晶体和两个电
容),内部振荡器便能产生自激振荡。一般来说,晶振在 1.2 ~ 12MHz 之间任选,甚至可以
达到 24MHz 或者更高,但是频率越高功耗也就越大。本开发板采用 11.0592MHz 的石英晶
振。和晶振并联的两个电容的大小对振荡频率有微小影响,可以起到频率微调作用。当采用
石英晶振时,电容可以在 20 ~ 40pF 之间选择 (本开发板使用 30pF);当采用陶瓷谐振器件
时,电容要适当地增大一些,在 30 ~ 50pF 之间。通常选取 33pF 的陶瓷电容就可以了。

　　另外值得一提的是在设计单片机系统的印制电路板（PCB）时，晶振和电容应尽可能与单片机芯片靠近，以减少引线的寄生电容，保证振荡器可靠工作。检测晶振是否起振的方法可以用示波器，观察到 XTAL2 输出的十分漂亮的正弦波，也可以使用万用表测量（把档位打到直流档，这个时候测得的是有效值）XTAL2 和地之间的电压，可以看到 2V 左右的电压。

　　电源、晶振、复位电路构成了单片机最小系统的三要素，也就是说，一个单片机具备了这三个条件，就可以运行我们下载的程序了，其他的比如 LED 小灯、数码管、液晶等设备都是属于单片机的外部设备，即外设。最终完成我们想要的功能就是通过对单片机编程来控制各种各样的外设实现的。

2.3　时钟周期、机器周期和指令周期

　　晶振周期为最小的时序单位，如图 2-17 所示。

　　时钟周期也称为振荡周期，定义为时钟脉冲的倒数（可以这样来理解，时钟周期就是单片机外接晶振的倒数，例如 12MHz 的晶振，它的时间周期就是 $1/12\mu s$），是计算机中最基本的、最小的时间单位。显然，对同一种机型的计算机，时钟频率越高，计算机的工作速度就越快。

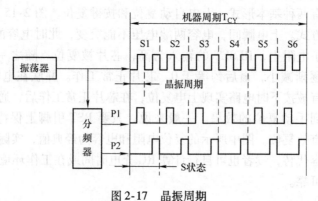

图 2-17　晶振周期

1. 机器周期

　　在计算机中，为了便于管理，常把一条指令的执行过程划分为若干个阶段，每一阶段完成一项工作。例如，取指令、存储器读、存储器写等，每一项工作称为一个基本操作。完成一个基本操作所需要的时间称为机器周期。一般情况下，一个机器周期由若干个 S 周期（状态周期）组成。

　　51 内核单片机的一个机器周期由 6 个 S 周期（状态周期）组成。前面已说过一个时钟周期定义为一个节拍（用 P 表示），二个节拍定义为一个状态周期（用 S 表示），单片机的机器周期由 6 个状态周期组成，也就是说一个机器周期 =6 个状态周期 =12 个时钟周期。具体计算为：时钟周期 Xcycles。如果单片机是 12 周期的话，那么机器周期就是 T×12。假设晶振频率为 12MHz，单片机为 12 周期的话，那么机器周期就是 $1\mu s$。

　　例如，外接 24MHz 晶振的单片机，它的一个机器周期 =12/24M 秒；52 系列单片机一

个机器周期等于 12 个时钟周期。设晶振频率为 12MHz 时，52 单片机是 12T 的单片机，即频率要 12 分频。12MHz 经过分频变为 1MHz，由 T = 1/f，即一个机器周期变为 1μs。

2. 指令周期

执行一条指令所需要的时间，一般由若干个机器周期组成。指令不同，所需的机器周期也不同。通常，包含一个机器周期的指令称为单周期指令，比如 CLR，MOV 等。包含两个机器周期的指令称为双周期指令。另外还有 4 周期指令，比如乘法和除法指令。对于一些简单的单字节指令，在取指令周期中，指令取出到指令寄存器后，立即译码执行，不再需要其他的机器周期。对于一些比较复杂的指令，例如转移指令、乘法指令，则需要两个或者两个以上的机器周期。

2.4　点亮 LED 灯

2.4.1　LED（发光二极管）

LED（Light – Emitting Diode）即发光二极管。开发板采用普通的贴片发光二极管，它的正向导通电压是 1.8 ~ 2.2V，工作电流一般在 1 ~ 20mA。当电流在 1 ~ 5mA 范围变化时，电流越大，LED 灯越亮；当电流在 5 ~ 20mA 之间变化时，亮度随着电流的变化不明显；当电流超过 20mA 时，LED 灯会有烧坏的可能。

LED 是二极管中的一种，和普通二极管一样，也有阴极和阳极（也称正极和负极）。贴片 LED 灯绿色的那端是负极，直插 LED 灯一般情况下引脚短的那端是负极。

当 LED 直接接 5V 电源时，LED 有可能烧坏。根据欧姆定律 $R = U/I(I = U/R)$，如果想要电流变小，需要增大电阻 R 值，所以直接串联一个电阻，如图 2-18 所示的电阻 R4，该电阻称为"限流电阻"。LED 自身的压降为 2V，那么 R4 电阻承受的电压为 3V。如果电流范围是 1 ~ 20mA 的话，电阻的取值范围为 150Ω ~ 3kΩ。R4 取 1kΩ，可知 LED 的电流为 3mA。

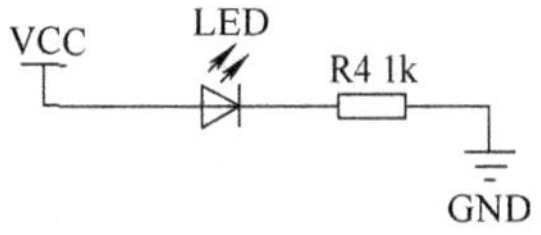

图 2-18　LED 灯电路（一）

如图 2-19 所示。把 GND 改成一个单片机的 I/O 口。当单片机 P0.0 口输出低电平时，就与接 GND 一样，电路是导通的，LED 灯发光；当单片机 P0.0 口输出高电平时，跟接 VCC 一样，这时候电路没有电压降，没有电流，LED 灯不发光（处于熄灭状态）。即可以通过编写程序控制单片机的引脚电平，控制 LED 灯的亮灭。

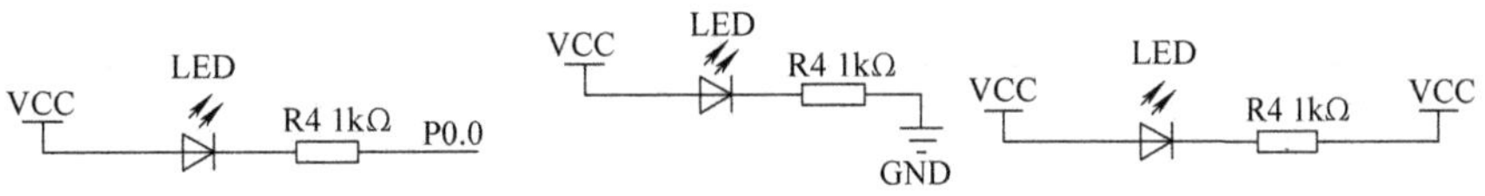

图 2-19　LED 灯电路（二）

2.4.2　特殊功能寄存器和位定义

如图 2-19 所示，本例程通过控制 P0.0 引脚，实现 LED 灯的闪烁。P0.0 属于 P0 口中的一个引脚。

特殊功能寄存器是 51 内核单片机中各功能部件对应的寄存器，用于存放相应功能部件的控制命令、状态或数据。

查看 STC89C52 的数据手册（Datasheet），每个型号的单片机都有厂商所编写的数据手册。找到特殊功能寄存器的介绍以及地址映射列表，I/O 口对应特殊功能寄存器如表 2-1 所示。

表 2-1　I/O 口对应特殊功能寄存器

Mnemonic	Add	Name	7	6	5	4	3	2	1	0	Reset Value
P0	80H	8 – bit Port 0	P0.7	P0.6	P0.5	P0.4	P0.3	P0.2	P0.1	P0.0	1111, 1111
P1	90H	8 – bit Port 1	P1.7	P1.6	P1.5	P1.4	P1.3	P1.2	P1.1	P1.0	1111, 1111
P2	A0H	8 – bit Port 2	P2.7	P2.6	P2.5	P2.4	P2.3	P2.2	P2.1	P2.0	1111, 1111
P3	B0H	8 – bit Port3	P3.7	P3.6	P3.5	P3.4	P3.3	P3.2	P3.1	P3.0	1111, 1111
P4	E8H	4 – bit Port 4	—	—	—	—	P4.3	P4.2	P4.1	P4.0	xxxx, 1111

其中 P4 口是 STC89C52 对标准 51 单片机的扩展，这里先不展开介绍。P0、P1、P2、P3 四个 P 口，每个 P 口有 8 个 I/O。P0 ~ P3 口的复位值（Reset Value）全部都是 1。

标准 C51 内核单片机内部的 80H ~ FFH 区域有 21 个特殊功能寄存器，为了对它们能够直接访问，C51 编译器利用扩充关键字 sfr 和 sfr16 对这些特殊功能寄存器进行声明。

sfr 的声明方法：sfr 特殊功能寄存器名 = 地址常数。

例如：

sfr P0 = 0x80；　　//P0 口地址为 0x80

sfr P1 = 0x90；　　//P1 口地址为 0x90

sfr P2 = 0xA0；　　//P2 口地址为 0xA0

sfr P3 = 0xB0；　　//P3 口地址为 0xB0

应注意的是，关键字 sfr 后面必须跟一个标识符作为特殊功能寄存器名称，名称可以任意选取，但要符合人们的一般习惯，一般情况，名称跟单片机数据手册中所写的寄存器名称一致。等号后面必须是常数（数据手册中寄存器所对应的地址），最后必须用分号";"结束。

P0 口所在的地址是 0x80，共有 8 个 I/O 口，分别是 P0.0 ~ P0.7。如果要控制 P0 口的引脚，需要写入数据到 0x80 这个地址即可。例如：写 0xFE 数据到 0x80 地址，即 P0.0 是 0，其余引脚是 1。

例如：P0 = 0xFE；

P0.7	P0.6	P0.5	P0.4	P0.3	P0.2	P0.1	P0.0
1	1	1	1	1	1	1	0
F				E			

对照电路图（图 2-19）可知，P0.0 口为低电平（0）时，LED 灯亮。

51 单片机的内部有很多寄存器，如果都自己一个一个声明的话，工作量比较大。不过 Keil 软件已经把所有的寄存器事先都声明好，并保存到一个专门的文件中去，要用的话，只要在程序文件的开头添加一行#include < reg52. h > 即可。

本例程只要控制 P0.0 即可，如果每次都附加操作 8 个引脚比较麻烦。能不能一个引脚一个引脚单独控制。答案是可以的。

特定功能寄存器中特定位的声明：

在 C51 中可以利用关键字 sbit 声明可独立寻址的位变量。

sbit 位变量名 = 特殊功能寄存器^位的位置（0 ~ 7）

例 1：sbit LED = P0^0；

在程序中只要写 LED，就代表 P0^0 口。以上控制 LED 灯程序可以改为：

LED = 0；　　　　//LED 灯亮

LED = 1；　　　　//LED 灯灭

例 2：sbit P00 = P0^0；

在程序中只要写 P00，就代表 P0^0 口。以上控制 LED 灯程序可以改为：

P00 = 0；　　　　//LED 灯亮

P00 = 1；　　　　//LED 灯灭

切记，每条语句后面都要用**分号**结束。

2.4.3　编写程序

如果学过 C 语言的话，编程会比较轻松，没有学过的同学也没有关系，可以先照着写，并在合适的位置写上注释。

```
#include <reg52.h>        //包含特殊功能寄存器定义的头文件
sbit LED = P0^0;          //位地址声明,注意 sbit 必须是小写,P 必须大写
void main()               //任何一个 C 程序有且仅有一个 main 函数,是程序的入口函数
{                         //{} 大括号是成对出现,在这里表示函数的开始和结束,函数
                          的包含范围
    LED = 0;              //分号表示一条语句结束

    while(1);
}
```

分析一下程序：

（1）main 是主函数的函数名字，每一个 C 程序都必须有且仅有一个 main 函数，是程序的入口函数。

（2）void 是函数的返回值类型，本程序没有返回值，用 void 表示。如果是 int，表示返回值类型为 int 类型。

（3）{} 是函数开始和结束的标志，不能省略；同时，必须是成双成对出现。

（4）每条 C 语言语句必须以分号（;）结束。

程序编好后，要对程序进行编译，生成单片机能够识别并执行的目标文件。在编译之前需要设置一下。

（1）单击菜单栏【Project】下的【Options for Target 'Target1' …】或者单击图 2-20 所示的快捷图标。

（2）在弹出的对话框中，如图 2-21 所示，单击

图 2-20　工程选项图标

【Output】选项页，勾选【Create Hex File】复选框，然后单击 OK 按钮。

设置好后，单击图 2-22 中的快捷图标，对程序进行编译。

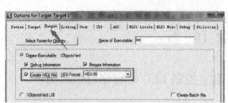
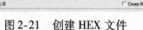

图 2-21　创建 HEX 文件

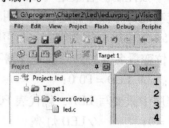

图 2-22　编译程序

编译完成后，编译结果会显示在 Keil 软件下方输出窗口，如图 2-23 所示。

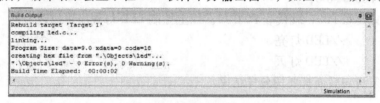

图 2-23　编译输出信息

其中 data = 9.0，指的是程序使用了单片机内部的 256 字节 RAM 资源中的 9 个字节；code = 18，指的是使用了 8K 代码 Flash 资源中的 18 个字节。提示 "0 Error (s)，0 Warning (s)" 表示程序没有错误和警告，出现 "creating hex file from ". \ Objects \ led""，指的是当前工程生成了一个 HEX 文件（单片机能够识别并执行的目标文件），文件名为 led. hex，存放在工程路径下的 Objects 文件夹中。此时，程序已编译好，目标文件也已生成。

2.5　程序下载

（1）利用 USB 线将开发板与计算机连接好，然后打开设备管理器查看使用的是哪个端口（COM），如图 2-24 所示。单击端口，找到 USB – SERIAL CH341（COM21）这一栏，可

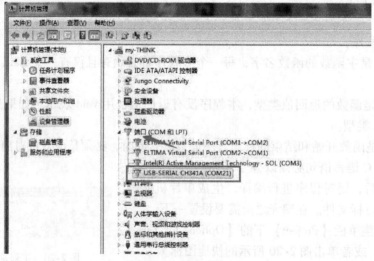

图 2-24　查看 COM 口

知开发板所使用的 COM 端口号为 COM21。

（2）接下来打开 STC 系列单片机的下载软件（STC – ISP），如图 2-25 所示。

1）选择单片机型号，开发板使用的是 STC89C52RC，这个地方一定不能选错。如图 2-25 中 1 所示。

2）选择串口，选择刚才查到的 COM 口（COM21），如图 2-25 中 2 所示。波特率使用默认即可。

3）单击"打开程序文件"，如图 2-25 中 3 所示，找到刚才建立工程所在的路径，找到 led. hex 文件，单击打开。如：G：\ program \ Chapter2 \ led \ Objects。

4）其他选项使用默认配置。

5）开发板上电，并单击【下载/编程】按钮，软件右侧出现"正在检测目标单片机"，此时，再重新上电，就可以将程序下载到单片机中。

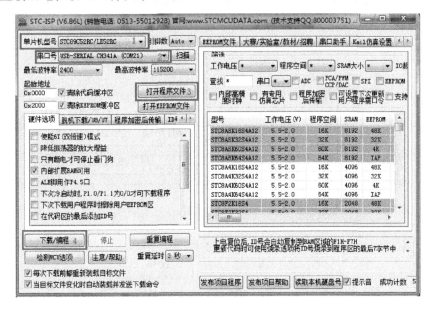

图 2-25　程序下载设置

当显示"操作成功"，表示程序下载成功，如图 2-26 所示。

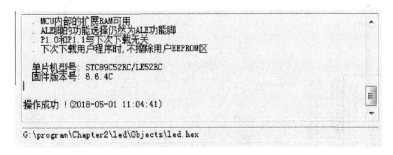

图 2-26　程序下载成功

程序下载完成后，单片机就会自动运行程序。我们可以在开发板上看到如图 2-27 所示的现象。从图中可以看出，不是想要的结果。

图 2-27　运行结果图

结果分析：

单片机编程，实际上是硬件底层驱动程序开发，这种程序的开发是离不开电路的，必须根据电路图来编写程序。如果开发板的电路与图 2-19 所示一样，肯定可以点亮 LED 灯，如果不一样，可能点不亮。下面查看开发板 LED 灯的电路图，如图 2-28 所示。

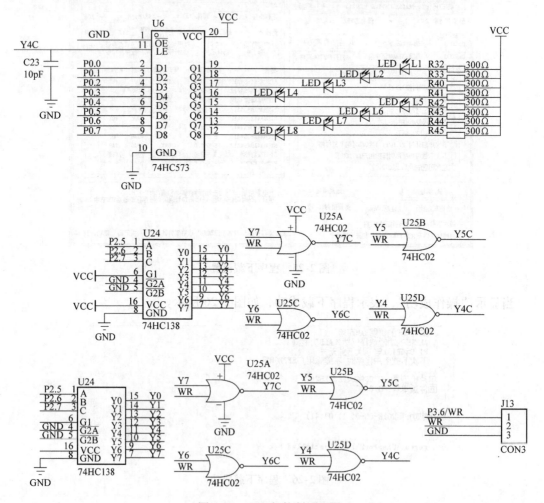

图 2-28　LED 灯控制原理图

由图 2-28 可以看到，开发板上的 LED 灯电路与图 2-19 不一致。LED 灯 L1 连接 74HC573 器件（U6）的 Q1（19 脚），Q1 受到 Y4C 和 P0.0 口控制；Y4C 引脚与 U25（74HC02）连接，Y4 受到 74HC138 控制的 ABC 引脚控制；A、B、C 与 P2.5 、P2.6、P2.7 相关。

2.6　74HC573 锁存器

74HC573 器件的功能是什么？首先上网站搜索下载其数据手册（datasheet），接着打开并查看数据手册。一般情况下，下载都是英文版的数据手册。这么多英文，该从哪里开始查看呢？

查看一种英文版的芯片数据手册的步骤：

1. General description（描述）

该部分主要描述器件的功能，大概了解器件有什么功能、应用场所等。

General description

The 74HC573; 74HCT573 is a high-speed Si-gate CMOS device and is pin compatible with Low-power Schottky TTL (LSTTL).

The 74HC573; 74HCT573 has octal D-type transparent latches featuring separate D-type inputs for each latch and 3-state true outputs for bus oriented applications. A latch enable (LE) input and an output enable (OE) input are common to all latches.

When LE is HIGH, data at the Dn inputs enter the latches. In this condition the latches are transparent, i.e. a latch output will change state each time its corresponding D input changes.

When LE is LOW the latches store the information that was present at the D-inputs a set-up time preceding the HIGH-to-LOW transition of LE. When OE is LOW, the contents of the 8 latches are available at the outputs. When OE is HIGH, the outputs go to the high-impedance OFF-state. Operation of the OE input does not affect the state of the latches.

74HC573 真值表

Table 4:　Function table [1]

Operating mode	Control		Input	Internal latches	Output
	OE	LE	Dn		Qn
Enable and read register (transparent mode)	L	H	L	L	L
			H	H	H
Latch and read register	L	L	l	L	L
			h	h	H
Latch register and disable outputs	H	L	l	L	Z
			h	H	Z

[1]　H = HIGH voltage level;
　　h = HIGH voltage level one set-up time prior to the HIGH-to-LOW LE transition;
　　L = LOW voltage level;
　　l = LOW voltage level one set-up time prior to the HIGH-to-LOW LE transition;
　　Z = high-impedance OFF-state.

从上表中可知：

（1）当 OE 为低电平，LE 为高电平时，输出 Qn 的值随着 Dn 的输入而改变。如 Y4C 为高电平，OE 接地（低电平）情况下，Q1 ~ Q8 的值为 D1 ~ D8 的输入值，即 P00 ~ P07 的值。图 2-29 中 8 个 LED 灯是共阳极，所以当 Q 的值为 0 时，LED 灯亮。如果 P0 = 0xAA（1010 1010B），Q2/Q4/Q6/Q8 的值为 1，Q1/Q3/Q5/Q7 的值为 0，则 L1、L3、L5、L7 四个灯亮，其他四个灭。

（2）当 OE 为低电平，LE 为低电平时（Y4C 为低电平），输出 Qn 的值保持上一次的值，即 Dn 的值发生改变，Qn 的值还是上一次的值，即锁存。

2. 查看器件的引脚

74HC573 的引脚如图 2-29 所示。

3. 查看器件的具体使用

如图 2-31 所示，如果要控制 LED 灯，需要先把 Y4C 置高电平，往 P0 口上写数据，再把 Y4C 置低电平，锁存数据。那么如何改变 Y4C 的电平呢？

从图 2-31 中可以看出，Y4C 引脚的电平受到 Y4 和 WR 两个引脚控制。先介绍 WR 引脚接地的情况，即开发板的 J13，用跳线帽接IO端，将 2−3 短接。此时，WR 引脚的电平为低电平（0），Y4C 的值受到 Y4 的控制，Y4C 和 Y4 接在 74HC02 芯片的 11、12 引脚上。

图 2-29　74HC573 引脚图

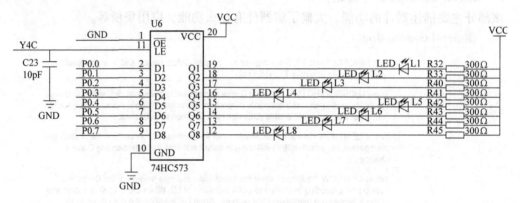

图 2-30　74HC573 与 LED 灯的连接图

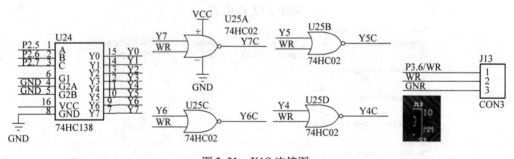

图 2-31　Y4C 连接图

2.7　74HC02 或非门

The 74HC02; 74HCT02 are high-speed Si-gate CMOS devices that comply with JEDEC standard no. 7A. They are pin compatible with Low-power Schottky TTL (LSTTL).

The 74HC02; 74HCT02 provides a quad 2-input NOR function.

74HC02 包含 4 路独立的 2 输入或非门。介绍或非门之前，先介绍或门、与门、非门的逻辑（真值表）。

（1）或门真值表

输入端 1	输入端 2	输出端
0	0	0
0	1	1
1	0	1
1	1	1

（2）与门真值表

输入端 1	输入端 2	输出端
0	0	0
0	1	0
1	0	0
1	1	1

Functional description

Table 3.　Function table[1]

Input		Output
nA	nB	nY
L	L	H
X	H	L
H	X	L

[1]　H = HIGH voltage level;
　　 L = LOW voltage level;
　　 X = don't care.

由上图可知，WR 的值为 0，Y4 为 0 时，Y4C 输出为 1（高电平）；当 Y4 为 1 时，Y4C 输出为 0（低电平）。所以要改变 Y4C 的电平，需要控制 Y4 引脚的电平。Y4 引脚是接到 74HC138 器件上。

2.8　74HC138 三八译码器

MM74HC138
3-to-8 Line Decoder

General Description

The MM74HC138 decoder utilizes advanced silicon-gate CMOS technology and is well suited to memory address decoding or data routing applications. The circuit features high noise immunity and low power consumption usually associated with CMOS circuitry, yet has speeds comparable to low power Schottky TTL logic.

The MM74HC138 has 3 binary select inputs (A, B, and C). If the device is enabled, these inputs determine which one of the eight normally HIGH outputs will go LOW. Two active LOW and one active HIGH enables (G1, $\overline{G2A}$ and $\overline{G2B}$) are provided to ease the cascading of decoders.

The decoder's outputs can drive 10 low power Schottky TTL equivalent loads, and are functionally and pin equivalent to the 74LS138. All inputs are protected from damage due to static discharge by diodes to V_{CC} and ground.

Features

■ Typical propagation delay: 20 ns
■ Wide power supply range: 2V–6V
■ Low quiescent current: 80 μA maximum (74HC Series)
■ Low input current: 1 μA maximum
■ Fanout of 10 LS-TTL loads

74HC138 真值表:

Truth Table

Inputs					Outputs							
Enable		Select										
G1	G2 (Note 1)	C	B	A	Y0	Y1	Y2	Y3	Y4	Y5	Y6	Y7
X	H	X	X	X	H	H	H	H	H	H	H	H
L	X	X	X	X	H	H	H	H	H	H	H	H
H	L	L	L	L	L	H	H	H	H	H	H	H
H	L	L	L	H	H	L	H	H	H	H	H	H
H	L	L	H	L	H	H	L	H	H	H	H	H
H	L	L	H	H	H	H	H	L	H	H	H	H
H	L	H	L	L	H	H	H	H	L	H	H	H
H	L	H	L	H	H	H	H	H	H	L	H	H
H	L	H	H	L	H	H	H	H	H	H	L	H
H	L	H	H	H	H	H	H	H	H	H	H	L

H = HIGH Level, L = LOW Level, X = don't care

Note 1: $\overline{G2}$ = G2A+G2B

通过这段英文描述可知,要使 138 器件工作,G1 要接高电平,G2 要接低电平。由图 2-32 可得,G1 要接 VCC,G2 要接 GND 满足条件。如果想要 Y4 得到低电平,由真值表可知,C、B、A 三个引脚的电平应为 100,即 P2.7、P2.6、P2.5 三个脚的电平为 100。如果 Y4 要得到高电平,则 C、B、A 三个引脚的电平应为 000,即 P2.7、P2.6、P2.5 三个脚的电平为 000。

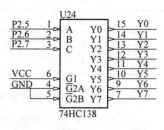

图 2-32　74HC138 引脚图

综上,P2.7 P2.6 P2.5(100)—Y4(0)—Y4C(1),HC573 (U6) 器件数据改变。

P2.7 P2.6 P2.5(000)—Y4(1)—Y4C(0),HC573 器件数据锁存。

所以要控制 HC573 器件,只要控制 P2.7、P2.6、P2.5 三个引脚的电平即可。

思考:P2 = 0x80(100 000 00B) 这样赋值控制 HC573 器件行不行?

原理是可行的,但是不妥。P2 = 0x80(100 000 00B),P2.7、P2.6、P2.5(100) 达到控制 HC573 器件,但是,P2.4、P2.3、P2.2、P2.1、P2.0 五个引脚的电平也被改变。如果 P2.4、P2.3、P2.2、P2.1、P2.0 控制外围设备的话,那么外围设备的状态可能被改变。这种情况是不允许的。那么如何只改变 P2.7、P2.6、P2.5 三个引脚状态,其他的五个引脚保留原来的状态呢?过程分析如表 2-2 所示。

表 2-2　过程分析

	P2.7	P2.6	P2.5	P2.4	P2.3	P2.2	P2.1	P2.0
初始值	x	x	x	x	x	x	x	x
P2&0x1F	0	0	0	1	1	1	1	1
	0	0	0	x	x	x	x	x
0x80	1	0	0	0	0	0	0	0
	1	0	0	x	x	x	x	x

选通:P2 = (P2&0x1F)|0x80;

锁存:P2 = P2&0x1F

实例：L1/L3/L5/L7 四盏 LED 灯亮。

L8	L7	L6	L5	L4	L3	L2	L1
P0.7	P0.6	P0.5	P0.4	P0.3	P0.2	P0.1	P0.0
1	0	1	0	1	0	1	0
A				A			

代码：
```
#include <reg52. h>
void main( )
{
    P2 = (P2&0x1F)|0x80;
    P0 = 0xAA;
    P2 = P2&0x1F;
}
```

编译链接，生成 HEX 文件，并下载到开发板的单片机。上电运行。开发板 LED 灯分布图如图 2-33 所示，效果如图 2-34 所示。

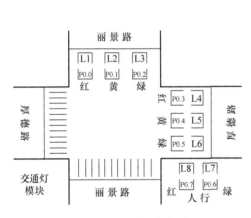

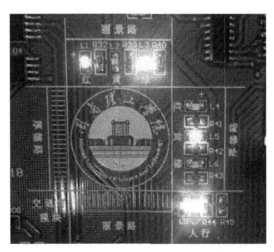

图 2-33   LED 灯分布图   图 2-34   程序运行效果图

思考：如图 2-35 所示，如何控制 U7、U8、U9 对应的 74HC573？

1）U7 器件接到 Y7C—Y7——P2.7 P2.6 P2.5（111）——P2 = (P2&0x1F)|0xE0   (111 0 0000)

2）U8 器件接到 Y6C—Y6——P2.7 P2.6 P2.5（110）——P2 = (P2&0x1F)|0xC0   (110 0 0000)

3）U9 器件接到 Y5C—Y5——P2.7 P2.6 P2.5（101）——P2 = (P2&0x1F)|0xA0   (101 0 0000)

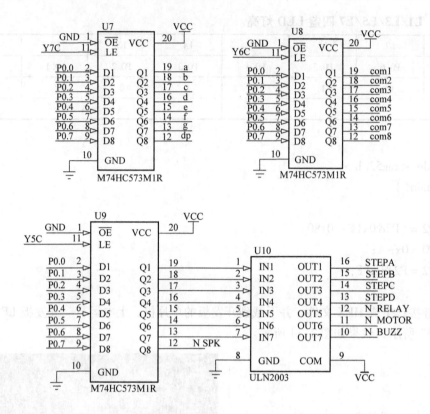

图 2-35　74HC573 引脚图

2.9　单片机资源扩展方式

本书配套开发板具有 IO 扩展模式和存储器映射（MM）扩展模式，可以通过调节板上 J13 接口跳线来配置。J13 接口如图 2-36 所示。

存储器映射扩展模式可以直接通过 XBYTE 关键字来操作部分资源，大大简化外设资源程序设计。其中 IO 扩展模式如 2.6～2.8 节介绍，比较容易理解，这里不做重复介绍。重点介绍存储器映射扩展模式。

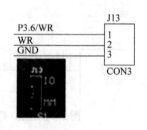

图 2-36　J13 接口

单片机可以外扩 64KB 的 RAM 和 ROM 空间，传统的 51 内核单片机具有 16 位地址总线和 8 位数据总线，其中 P0 口作为数据和地址低字节的复用端口，P2 口作为高 8 位地址线。单片机开发板的存储器映射扩展方式（MM），是一种可以像操作外部 RAM 存储器一样，操作 LED 指示灯、执行机构（蜂鸣器、继电器等）、数码管等外设资源的扩展方式，能够实现这样的操作，与开发板的硬件电路有关系。

举例说明，在上面 IO 扩展方式里已经介绍过，如果希望通过程序点亮或者熄灭 LED 指示灯需要进行如下操作：

（1）IO 扩展方式，配置跳线为 IO 扩展方式（IO），部分代码如下：

P2 = ((P2&0x1F) | 0x80) ;

P0 = 0x00 ;// LED = 0xFF ;

P2 & = 0x1F ;

（2）扩展方式配置跳线为存储器映射扩展方式（MM），部分代码如下：

XBYTE[0x8000] = 0x00 ;// XBYTE[0x8000] = 0xFF ;

LED 指示灯模块的地址：0x8000 是如何确定的呢？由硬件电路图可知，若 P2.7 = 1、P2.6 = 0、P2.5 = 0（其他地址线不需要关心），即可将与 LED 指示灯模块连接的 74HC573 "打通"，此时可以通过 P0 口控制 LED 指示灯的状态。

P2.7	P2.6	P2.5	P2.4	P2.3	P2.2	P2.1	P2.0	P0.7	P20.6	P0.5	P0.4	P20.3	P0.2	P0.1	P0.0
1	0	0	0	0	0	0	0	0	0	0	0	0	0	0	0
8				0				0				0			

因此，LED 指示灯模块的地址为 0x8000；由此类推，可以知道执行机构模块的操作地址为 0xA000，数码管段码端的操作地址为 0xE000，数码管位选端口的操作地址为 0xC000 等。IO 模式和 MM 模式编程对比。

IO 模式	MM 模式

IO 模式
```
void display( )
{
    P0 = 0XFF ;
    P2 = P2&0X1F|0XE0 ;
    P2 = P2&0X1F ;
    P0 = 1 < <dspcom ;
    P2 = P2&0X1F|0Xc0 ;
    P2 = P2&0X1F ;
    P0 = tab[dspbuf[dspcom]] ;
    P2 = P2&0X1F|0XE0 ;
    P2 = P2&0X1F ;
    if( + +dspcom = =8 )
    {
        dspcom = 0 ;
    }
}
```

MM 模式
```
void display( void)
{
    XBYTE[0xE000] = 0xFF ;              //消隐

    XBYTE[0xC000] = (1 < <dspcom) ;
    XBYTE[0xE000] = tab[dspbuf[dspcom]] ;//段码

    if( + +dspcom = = 8){
        dspcom = 0 ;
    }
}
```

虽然利用存储器映射扩展方式（MM），编程时能大大简化程序设计。但在使用时要注意以下几点：

1）由图 2-36 可知，MM 模式时，用到 P3.6 引脚，所以如果使用 4×4 矩阵按键，就不要用 MM 扩展方式编程。

2）存储器映射扩展模式直接通过 XBYTE 关键字来操作部分资源。在使用 XBYTE 时，需要包涵 absacc.h 头文件，如#include < absacc.h > 。

本章小结

程序的编辑、编译和下载是单片机应用系统开发过程中不可或缺的工作流程。对于 STC 系列单片机，由于有了 ISP 在线下载功能，单片机的开发工具就变得简单。

程序编辑要根据硬件电路原理图进行。学会查看原理图，分析元件的工作原理，最后通过编写程序实现。掌握常用的 74HC573、74HC02、74HC138 等器件的应用。

CH341SER 程序是 USB 转串口驱动程序，当采用 USB 转串口驱动电路构建 STC 在线编程（下载程序）时，必须安装 USB 转串口驱动程序。

实训项目

1. 了解 Keil 的基本用法和单片机编程流程，能独立完成编程下载等操作。

2. 编写程序实现 L2、L4、L6、L8 四个 LED 灯亮，其他灯灭。

3. 把学号的最后两位值转化成二进制，再取反，控制 LED 灯。如 20 号，转化成二进制为 00010100，取反后为 11101011，应该是 L3、L5 灯亮，其他灯灭。

4. 利用 MM 扩展模式，编程实现蜂鸣器响。

第3章 经典再现——C语言基础

单片机开发过程中，可以采用汇编语言也可以采用 C 语言实现。对 51 内核单片机硬件进行操作的 C 语言，称为 C51。由于 C 语言具有良好的可读性、可移植性和基本的硬件操作能力。建议采用 C51 进行编程。

3.1 C51 程序开发

3.1.1 采用 C51 的优点

采用 C51 进行单片机程序设计有以下优点：编译器能自动完成变量的存储单元的分配，编程者可以专注于应用程序的逻辑思想；对常用功能模块和算法编制相应的函数，方便算法和应用程序的移植；提高实际工程的开发效率。

3.1.2 C51 程序开发过程

C51 程序开发过程如图 3-1 所示。主要步骤为：①编写 C51 源程序；②编译链接生成目标文件（.HEX）；③进行软件或硬件仿真调试；④下载到单片机的程序存储器中。

3.1.3 C51 程序结构

C51 程序由一个或多个函数构成，其中至少包含一个主函数 main（有且仅有一个 main 函数）。程序从主函数 main 开始执行，调用其他函数后又返回主函数，被调用的函数如果位于主调函数前面，则可以直接调用，否则应先声明，再调用。被调用函数可以是用户自编的函数，也可以是 C51 编译器提供的库函数，示

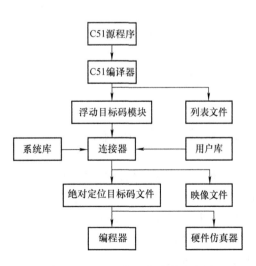

图 3-1 C51 程序开发过程示意图

例如下所示：

```
#include  < reg52. h >                        //定义 51 单片机特殊功能寄存器
#include  < intrins. h >
//延时函数－－－－用户自己编写的函数
void delay( void)
{
    unsigned char i,j,k;
    for( i = 0; i < 20; i + + )
    {
        for( j = 0; j < 20; j + + )
        {
            for( k = 0; k < 248; k + + );
        }
    }
}
//主函数
void main( void)
{
    unsigned char i;
    while( 1)
    {
        for( i = 0; i < 8; i + + )
        {
            P2 = ( ( P2&0x1f) |0x80);
            P0 = ~ ( 0x01 < < i);        //左移 i 位,按位取反
            P2 & = 0x1F;
            delay( );
        }
    }
}
```

3.2　C51 语言的数据类型

在 C51 语言中，数据有常量和变量之分，常量是指在程序运行过程中其值不能改变的量，变量是指在运行过程中值可以改变的量。变量的数据大小是有限制的，变量在单片机的内存中占据空间，变量大小不同所占据的空间也不同。在 C51 语言中，编译系统要根据定义的数据类型来分配存储单元，这就是定义数据类型的意义。C51 编译器支持的常用数据类型如表 3-1 所示。

表 3-1　C51 常用数据类型

数据类型		长度（位）	取值范围
字符型	signed char	8	−128 ~ 127
	unsigned char	8	0 ~ 255
整型	signed int	16	−32768 ~ 32767
	unsigned int	16	0 ~ 65535
长整型	signed long	32	−21474883648 ~ 21474883647
	unsigned long	32	0 ~ 4294967295
浮点型	float	32	±1.75494E−38 ~ ±3.402823E+38
位型	bit	1	0，1
	sbit	1	0，1
访问 SFR	sfr	8	0 ~ 255
	sfr16	16	0 ~ 65535

通常情况下，尽可能采用无符号格式（unsigned）。

3.3　C51 语言的运算符

C51 语言具有非常丰富的运算符，由运算符和运算对象组成表达式。在任意一个表达式后面加上一个分号";"构成一个表达式语句。运算符包括算术运算符、关系运算符、逻辑运算符、赋值运算符等。

1. 算术运算符（见表 3-2）

表 3-2　算术运算符

符号	含义	实例
+	加法运算符、或者正值符号	c = a + b
−	减法运算符、或者负值符号	c = a − b
*	乘法运算符	c = a * b
/	除法运算符	c = a/b（如果 a、b 为整数时，结果为整数；a、b 为浮点数时，结果为浮点数）
%	模（求余）运算符	结果为两个整数相除的余数，25%20 结果为 5
++	自增运算符	++ 和 −− 只能用于变量，不能用于常量和表达式
−−	自减运算符	++i 表示先加 1，再取值；i++ 表示先取值，再加 1。自减运算类同

2. 关系运算符 (见表3-3)

表3-3　关系运算符

符号	含义	实例
>	大于	
> =	大于等于	关系运算符即比较运算。关系表达式的值为逻辑
<	小于	值：真（1）和假（0）。如 10 = = 0，结果为假
< =	小于等于	(0)
= =	等于	
! =	不等于	

3. 逻辑运算符 (见表3-4)

表3-4　逻辑运算符

符号	含义	实例
&&	逻辑与	逻辑表达式的值也为逻辑值：真（1）和假
| |	逻辑或	(0)。如 5 | | 0 结果为 1；2&&0 结果为 0
!	逻辑非	

4. 位运算符 (见表3-5)

表3-5　位运算符

符号	含义	实例
&	按位与	1&0 结果为 0（有 0，结果为 0）
|	按位或	1 | 0 结果为 1（有 1，结果为 1）
^	按位异或	1^0 结果为 1（位不同，结果为 1，相同时结果为 0）
~	按位取反	~（1100）的结果为 0011
< <	左移	1 < <3 的结果为 1000（8 = 1 * 2^3）
> >	右移	16 > >2 的结果为 4（4 =16/（2^2））

5. 赋值和复合赋值运算符 (见表3-6)

符号"="称为赋值运算符，其作用是将一个数据的值赋给一个变量。在赋值运算符的前面加上其他运算符构成复合赋值运算符。

表3-6　赋值和复合赋值运算符

符号	含义	实例
+ =	加法赋值	
– =	减法赋值	
* =	乘法赋值	例：a + = 10 相当于 a = a + 10；a& = 0x01 相当于
/ =	除法赋值	a = a&0x80；其他类同
% =	取模赋值	
< < =	左移位赋值	

（续）

符号	含义	实例
＞＞＝	右移位赋值	例：a + = 10 相当于 a = a + 10；a& = 0x01 相当于 a = a&0x80；其他类同
& =	逻辑与赋值	
| =	逻辑或赋值	
^ =	逻辑异或赋值	
~ =	逻辑非赋值	

6. 条件运算符

C51 中的条件运算符为 "?:"，可以将三个表达式连成一个条件表达式。其一般形式如下：

逻辑表达式? 表达式 1：表达式 2

当逻辑表达式为真（非 0）时，将表达式 1 的值作为整个表达式的值；当逻辑表达式为假（0）时，将表达式 2 的值作为整个表达式的值。

例如，当 a = 2，b = 5 时，求 a、b 中的最小值。

min = (a < b)? a:b

因为 a < b 为真，所以取表达式 1，即 a 的值，结果 min = 0；

3.4　C51 语言的控制语句

C51 的程序结构分为顺序结构、选择结构和循环结构。由于顺序结构比较简单，这里不做详细介绍，仅介绍选择和循环结构。选择语句有 if 语句和 switch 语句两种。循环语句有 while 语句和 for 语句两种。

3.4.1　if 语句

在编写程序时，常常要根据某些条件来决定程序运行的流向，这时就需要条件语句 if 来实现。它通过用户给定的条件进行判断，根据判断的结果决定执行不同的分支程序。

if 语句由关键字 "if" 开始，后面跟随一个逻辑表达式。if 语句根据该逻辑表达式的值来决定哪些语句会被执行。if 语句可以单独使用，也可以配合关键字 "else" 使用。下面，先介绍 if 语句的单独使用方式。

1. if

if 的格式如下：

```
if(条件表达式)
{
    语句块
}
```

其含义如下：如果条件表达式为真（非 0 值），就执行后面的语句块；如果条件表达式为假（0 值），就不执行后面的语句，流程图如图 3-2 所示。

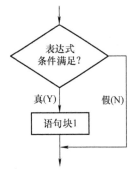

图 3-2　if 语句的流程图

【**例 3-1**】定义两个字符型变量 x 和 y，求出较大者。

```
char x,y,max;
x = 6;        //x 赋初值为 6
y = 2;        //y 赋初值为 2
max = x;      //假设 x 是 x、y 两者之间较大的数
if( x < y )   //判断 x 是否小于 y
{             //如果表达式为真,y 就是最大值
    max = y;
}
```

2. if… else

这种方式需要配合"else"使用。由于"if"方式只处理条件表达式为真的情况，如果还要处理条件表达式为假的情况，那么就需要使用 if… else。这种方式的格式如下：

```
if( 条件表达式)
{
    语句块 1
}
else
{
    语句块 2
}
```

其含义如下：如果条件表达式为真（非 0 值），就执行后面的语句块 1；如果条件表达式为假（0 值），就跳过语句块 1，执行语句块 2，其流程图如图 3-3 所示。

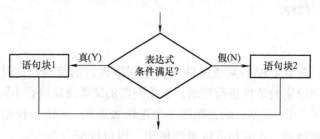

图 3-3　if… else 语句的流程图

【**例 3-2**】同样还是定义两个字符型变量 x 和 y，并比较它们的大小，求出较大者。体会与【例 3-1】在编写方式上的不同。

```
char x, y, max;
x = 4;
y = 2;
if ( x < y )    //判断 x 是否小于 y
{               //第一个程序段
    max = y;    //如果表达式 x < y 为真,则 y 为最大值
```

```
    }
else
{                    //第二个程序段
    max = x;    //如果表达式 x < y 为假,则 x 为最大值
}
```

本例使用条件语句 if 判断变量 x 和 y 的大小。与【例 3-1】不同的是,本例没有在一开始给变量 max 赋值。本例的条件表达式同样还是"x < y",根据表达式值的不同,分别进入两个不同的分支。

3. if... else if... else

if... else 表达方式只能判断 1 个条件,如果有两个或多个条件需要判断就不能满足要求了。第 3 种表达方式 if... else if... else 可以解决这个问题,其格式如下:

```
if (条件表达式 1)
{
    语句 1
}
else if (条件表达式 2)
{
    语句 2
}
else if (条件表达式 3)
{
    语句 3
}
else
{
    语句 n
}
```

其含义如下:

逐个判断表达式的值,如果某一个表达式为真,就执行相应的语句,然后跳出到整个 if 语句之外。如果所有的表达式都为假,则执行语句 n,然后继续执行后面的程序,其流程图如图 3-4 所示。

【例 3-3】定义一个变量 volt,在 volt 的取值范围内有多个判断标准,使用条件语句的第 3 种表达方式来依次处理每一个判断条件。

```
float volt;                    //电压值
int level;                     //电压水平
if (3.6 < volt < = 3.8)        //判断 volt 是否在 3.6 ~ 3.8 之间
{
    level = 1;
}
```

```
else if (3.8 < volt < = 4.0)            //判断 volt 是否在 3.8 ~ 4.0 之间
{
    level = 2;
}
else if (volt > 4.0)                    //判断 volt 是否大于 4.0
{
    level = 3;
}
else                                    //如果以上条件都不满足,则执行下面的代码
{
    level = 0;
}
```

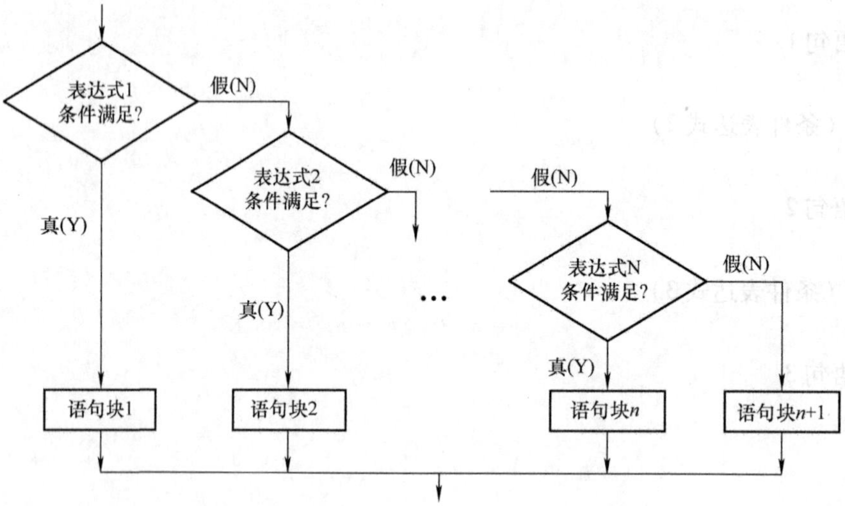

图 3-4 多条件 if...else if...else 的流程图

3.4.2 switch 语句

开关语句 switch...case 是一种多分支选择语句,根据判断表达式的值来实现多入口的条件分支语句。

理论上讲,开关语句 switch...case 和条件语句 if...else if...else 都能实现多方向的条件分支,但当分支较多时,条件语句 if 使程序冗长、结构不清晰,导致可读性降低。

开关语句为每一个条件分支提供一个入口,使程序结构清晰、方便阅读。开关语句 switch...case 的语法格式如下:

```
switch (表达式)
{
case 常量表达式 1:{代码段 1;}
    break;
```

```
case 常量表达式 2：｛代码段 2；｝
    break;
  ...
case 常量表达式 n：｛代码段 n；｝
    break;
default：｛代码段 n + 1；｝
    break;
}
```

开关语句把 switch 后面的表达式作为判断条件，如果表达式的值等于下面常量表达式 1 的值，那么就执行代码段 1；如果表达式的值等于下面常量表达式 2 的值，那么就执行代码段 2，依此类推。这样就避免了在代码中书写很多个 if 语句。

当 switch 后面表达式的值与下面某一个 case 后面的常量表达式的值相等时，就执行这个 case 后面的语句，一旦执行到 break 语句，就跳出整个 switch 语句。如果所有 case 后面的常量表达式的值都不匹配，就执行 default 后面的语句。

【例 3-4】根据电压水平 level 的不同取值，点亮不同的 led（发光二极管）。

```
int level;                   //电压水平
sbit led0 = P0^0;            //定义单片机引脚 P0.0 为发光二极管 led0，低电平有效
sbit led1 = P0^1;            //定义单片机引脚 P0.1 为发光二极管 led1，低电平有效
//获取电压 level
switch (level)
{
case 0：                     //如果 level 为 0，led0、led1 都不亮
    led0 = 1;
    led1 = 1;
    break;
case 1：                     //如果 level 为 1，点亮 led0
    led0 = 0;
    led1 = 1;
    break;
case 2：                     //如果 level 为 2，点亮 led1
    led0 = 1;
    led1 = 0;
    break;
case 3：                     //如果 level 为 3，点亮 led0、led1
    led0 = 0;
    led1 = 0;
    break;
default：                    //如果都不符合，熄灭所有 led
    led0 = 1;
```

```
    led1 = 1;
}
```

本例定义了两个特殊功能位变量 led0、led1，分别对应单片机的 P0.0 和 P0.1 口，用来控制两个发光二极管，低电平有效。

注意事项

（1）关键字 case 和 default 是语句标号，后面需要加上冒号"："。这是开关语句的固定写法，大家只要记住即可。

（2）每个 case 后面的常量表达式的值必须不同，否则一个值会有多个入口，导致程序出错。

（3）开关语句靠"break；"语句跳出整个结构，如果 case 分支下的代码段后面没有加"break；"，那么软件会继续执行下面的 case 语句，直到遇到"break；"语句后才跳出整个结构。

3.4.3　while 语句

本节介绍循环语句 while 和 do... while。while 和 do... while 语句的区别仅仅只是条件表达式执行的先后顺序不同。

（1）循环语句 while 的语法格式如下：

```
while（循环条件表达式）
{
    …
}
```

（2）循环语句 do ... while 的语法格式如下：

```
do
{
…
} while(循环条件表达式)；
```

它们的区别在于，前者是先判断是否满足循环条件表达式，再选择是否执行循环体，而后者是先执行循环体，再判断循环条件表达式的值是否为真。具体的用法，我们会在后面给大家详细地介绍。

循环语句 while 的执行过程如下：

（1）求解循环条件表达式，如果值为真（非 0），则执行第（2）步；如果值为假（0），则跳出循环，执行第（4）步。

（2）执行 while 语句循环体内部的语句。

（3）跳回第（1）步重复执行。

（4）循环结束，执行 while 循环体后面的语句。

其工作流程图如图 3-5 所示。

循环语句 do ... while 的执行过程如下：

（1）执行 while 语句循环体内部的语句。

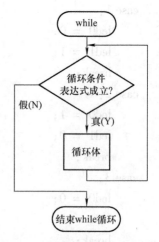

图 3-5　循环语句 while 流程图

（2）求解循环条件表达式，如果值为真（非0），则重复执行第（1）步；如果值为假（0），则跳出循环，执行第（3）步。

（3）循环结束，执行 while 循环体后面的语句。

其工作流程图如图 3-6 所示。

这两种表达方式的区别在于，while 语句首先判断循环条件表达式是否成立，然后根据其结果选择是否执行循环体内部的语句。do...while 语句则不然，无论循环条件表达式是否成立，都要先执行循环体，然后再判断循环条件表达式是否成立。

所以，while 语句也许一次都不会执行循环体，但是do...while 语句至少要执行一次循环体。

下面，用两个简单的例子来介绍循环语句 while 和 do...while 是怎么使用的，体会两种表达方式之间的区别和联系。

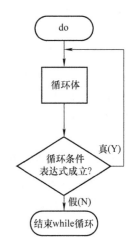

图 3-6 循环语句 do...while 的流程图

【例3-5】使用循环语句 while 来做从 1~10 的加法。

```
int i = 1；
int sum = 0；              //保存1加到10的和
wihle（i < = 10）
{
sum + = i；              //求和
i + + ；
}
```

对 sum 求和以后，变量 i 做自加操作，然后重新求解循环条件表达式 i < = 10，如此反复执行 10 次之后，i 自加值为 11。此时循环条件表达式不满足，于是跳出循环。循环执行完以后，得到 sum 的值为 55。

【例3-6】使用循环语句 do...while 来做从 1~10 的加法。

```
int i = 1；
int sum = 0；              //保存1加到10的和
do
{
sum + = i；              //求和
i + + ；
} wihle（i < = 10）；
```

本例无论 i 的初值为多少，首先执行一次循环体里面的语句，然后求解循环条件表达式 i< =10，如果满足循环条件表达式，则重复执行循环体里面的语句，如果不满足，则跳出循环。执行 10 次循环之后退出，得到 sum 的值为 55。

如果我们把 i 的初值改变一下：

```
int i = 11；
```

那么【例3-5】就不会执行循环体，直接跳出循环，得到 sum 的值为 0。而【例3-6】

中则会执行一次循环体之后再跳出循环体，最终得到 sum 的值为 11。

所以，大家在今后的应用中，根据实际需要来选择这两种表达方式，如果至少需要执行一次循环体，就用 do ... while 语句，一般情况下用 while 语句就可以了。

3.4.4　for 语句

本节介绍另一种循环语句——for 语句，在实际应用过程中，很多时候需要程序在我们预先设定的规则下重复执行，循环语句可以实现这样的功能。

循环语句就是能够在某种规则的限制下，反复执行某一段代码的语句。如果没有循环语句，就需要把这一段代码反复编写很多次。如果使用循环语句，则只需要把重复运行的代码编写一次，然后用循环语句控制执行的次数就可以了。

循环语句 for 的语法格式如下：

for（初值表达式；循环条件表达式；更新表达式）

```
{
    ...
}
```

在下面的代码中：

```
int i;
for (i = 0; i < 100; i + + )
{
a + + ;
}
```

　　 int i = 0 是初值表达式，表示 i 从 0 开始计数。

　　 i < 100 是循环条件表达式，它的意思是执行循环体的合法条件是 i 的值必须小于 100，否则就跳出循环。

　　 i + + 是更新表达式，它让变量 i 的值在每次执行完循环体之后自动加 1。

　　 a + + 是循环体，也就是被重复执行的代码。

循环语句 for 按照以下 5 个步骤执行：

（1）求解初值表达式。

（2）判断循环条件表达式，如果值为真（非 0），则执行 for 语句循环体内部的语句，然后执行第 3 步；如果值为假（0），则跳出循环，执行第（5）步。

（3）求解更新表达式。

（4）跳回第（2）步重复执行。

（5）循环结束，执行 for 循环体后面的语句。

下面举一个例子来介绍循环语句 for 是怎么使用的。

【例 3-7】 有 10 个杯子，第一个杯子里面放 1 个小球，第二个杯子放 2 个小球，第三个杯子放 4 个小球……依此类推，10 个杯子一共可以放多少个小球？

```
int glass;            //杯子
int ball;             //球
int total;            //球的总数
```

```
...
ball = 1;                  //ball 的初值为 1
total = 0;                 //总数初值为 0
for (glass = 0; glass < 10; glass + +)
{
    total + = ball;        //总数 = 上一次累加的总数 + 本次杯子里面的球数
    ball * = 2;            //下一次杯子里面的球数 = 本次 × 2
}
```

讲解：首先将球 ball 和总数 total 初始化，然后进入 for 循环：

（1）求解初值表达式：glass = 0。

（2）判断循环条件表达式：glass < 10；执行循环体：

```
{
    total + = ball;    //总数 = 上一次累加的总数 + 本次杯子里面的球数
    ball * = 2;       //下一次杯子里面的球数 = 本次 × 2
}
```

（3）求解更新表达式：glass + +。

（4）跳回步骤（2）累计执行循环 10 次后，glass 值为 10，循环结束，跳到步骤（5）。

（5）循环结束。

本例中循环条件表达式 glass < 10 限定了 glass 的值在 0 ~ 9 之间，循环次数为 10 次。整个循环执行完成之后，total 的值为 1023，大家有兴趣可以自行验证。

在实际应用中，经常需要在循环语句 for 的循环体中再次加入 for 语句，于是就构成了循环语句 for 的嵌套，其语法格式如下：

```
for (初值表达式 1; 循环条件表达式 1; 更新表达式 1)    //循环 1
{
    循环体 1
    for (初值表达式 2; 循环条件表达式 2; 更新表达式 2)    //循环 2
    {
        循环体 2
        ...
    }
}
```

循环语句 for 嵌套结构的执行过程如下：

（1）判断循环 1 是否满足条件，如果满足，执行循环体 1；如果不满足，则跳到步骤（7）。

（2）判断循环 2 是否满足条件，如果满足，执行循环体 2；如果不满足，则跳到步骤（5）。

（3）求解更新表达式 2。

（4）跳回步骤（2）重复执行。

（5）求解更新表达式 1。

（6）跳回步骤（1）重新执行。

（7）循环结束。

循环语句 for 嵌套的流程图如图 3-7 所示。

由图 3-7 可以看出，循环语句 for 嵌套就像洋葱一样，从外到内层次非常清晰，通过判断循环条件表达式的值一层层地进入，从最内层的循环开始执行，然后向外逐层跳出。下面我们给大家介绍一个循环语句 for 嵌套的例子。

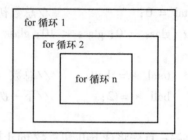

图 3-7　循环语句嵌套流程图

【例 3-8】假设单片机采用了 11.0592MHz 的时钟频率，利用 for 语句嵌套实现简单的延时 1s 功能。

```
unsigned int i, j;                    //定义两个循环变量 i、j
for ( i = 1000; i > 0; i - - )        //外层循环 1000 次
{
     for ( j = 110; j > 0; j - - )     //内层循环 110 次
     {
          ;
     }
}
```

首先给大家引入 3 个知识点：

（1）时钟周期。定义为时钟频率的倒数，本例使用 11.0592MHz 的时钟频率，它的时钟周期大约就是 $1/11\mu s$。

（2）机器周期。单片机的基本操作周期，对于本书涉及的 STC89C52 系列单片机来说，一个机器周期由 12 个时钟周期组成，也就是大约 $1.085\mu s$。

（3）指令周期。指的是单片机执行一条指令需要的时间，一个指令周期需要 1～4 个机器周期。一个 for 循环需要 8 个指令周期。

讲解：本例定义两个无符号整型数 i 和 j，它们的取值范围是 0 ～ 65 535。

（1）先看看内层循环：

```
for ( j = 110; j > 0; j - - )   //内层循环 110 次
     ;
```

在 11.0592MHz 的时钟频率下，for 循环 110 次所消耗的时间 t_j 大约是：$t_j = 110$ 次 × 8 个指令周期 × $1.085\mu s = 954.8\mu s$

（2）接下来外层循环又将内层循环重复 1000 次：

```
for( i = 1000; i > 0; i - - )   //外层循环 1000 次
```

那么，全部执行完成花费的总时间 T 大约是：

$$T = 1000 \times (t_j + 8 \times 1.085) = 963.48ms$$

基本上达到延时 1s 的功能。这个延时程序中外层循环的变量是多少，整个 for 嵌套语句就延时大约多少毫秒，在以后的应用当中，会经常用到这个程序，进行不需要精确时间的延时。

3.4.5　中断语句 break/continue

无条件跳转语句 goto，它可以让程序从正常的流程中跳到另外的地方执行，不建议使用。接下来，介绍另外一种类型的跳转语句：中断语句 break/continue。

中断语句 break 的作用是打断当前正在执行的流程，然后跳到正在执行的代码段后面继续执行。

其实在 3.4.2 节讲 switch...case 开关语句时，已经用到过 break 语句了，其作用是跳出 switch，执行后面的语句。break 语句除了可以在 switch 语句中使用，还可以用在循环体中。在循环体内部，只要遇到 break 语句，立即结束循环，跳到循环体外部，执行后面的语句。中断语句 break 的语法格式如下：

```
break;
```

break 语句在 for、while、do...while 这 3 种循环语句的循环体中都可以使用，break 语句的流程图如图 3-8 所示。

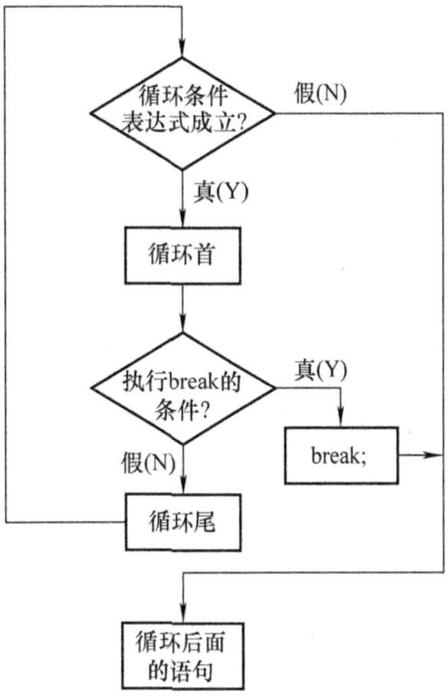

【例 3-9】使用 break 语句跳出 while 循环。

```
while ( x_remain > 0 && y_remain > 0)
    //如果两个方向都没走完
{
    x 走一步;
    x_remain - -;
    y 走一步;
    y_remain - -;
    //如果任意一个方向遇到障碍，则跳出
    if ( x_block || y_block )
        break;
}
```

图 3-8　中断语句 break 的流程图

其他处理代码 …

需要注意的是，break 语句只能跳出它所在的那一层循环，如果要跳出多重循环，使用 goto 语句会更加方便。上面介绍的中断语句 break 的作用是跳出循环，执行循环体后面的语句。下面介绍另外一个中断语句：continue。

中断语句 continue 的作用也是跳出循环，但是它只是跳出本次循环中剩下的部分，然后继续执行下一次循环。中断语句 continue 的语法格式如下：

```
continue;
```

continue 语句的流程图如图 3-9 所示。

用一个例子来给大家对比中断语句 continue 和 break 在执行方式上的不同。

【例 3-10】假设还是机器人在 x 和 y 方向各走 65535 步，但这次在行走过程中的任务是

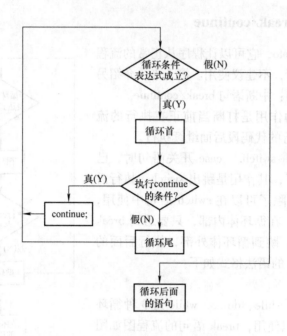

图 3-9 中断语句 continue 的流程图

捡金币，看看分别使用 continue 和 break 两种方式执行，最终捡到金币的数量有没有区别。

```
unsigned int    x_remain, y_remain;          //定义 x、y 方向剩下的脚步
bit    isCoin = 0;                           //定义是否捡到金币，0 代表否，1 代表是
long coin = 0;                               //定义捡到的金币的数量
char method;                                 //捡到金币的处理方式
//预设 x、y 方向各 65535 步
x_ remain = 0xffff;
y_ remain = 0xffff;
//给 method 赋值，设定处理方式；
switch (method)
{
case 1：
  while ( x_remain > 0 && y_remain > 0)      //如果两个方向都没走完
  {
  x 走一步；
  x_remain − −；
  y 走一步；
  y_remain − −；
  if (isCoin)                                //如果捡到金币，则跳过后面的工作，继续
                                             前进向前走
    continue；
```

```
　　其他工作；
　　…
　　}
　　break；
case 2：
　　while（ x_remain ＞ 0 && y_remain ＞ 0）        //如果两个方向都没走完
　　{
　　x 走一步；
　　x_remain － －；
　　y 走一步；
　　y_remain － －；
　　if（isCoin）                            //如果捡到金币，则跳过后面的工作，继续
                                                前进向前走
　　　break；
　　其他工作；
　　…
　　}
　　break；
}
```

　　本例使用 switch 语句来判断捡到金币后的处理方式。

　　（1）假设 method 值为 1，程序进入方式 1。当机器人捡到金币时，条件表达式"if（isCoin）"值为真（非 0），执行中断语句 continue。这时程序跳过本次循环的其他工作，继续执行下一次循环。反复该过程，直到剩余的步数走完，再执行方式 1 后面的 break 语句，跳出整个 switch 语句。

　　（2）假设 method 值为 2，程序进入方式 2。当机器人捡到金币时，条件表达式"if（isCoin）"值为真（非 0），执行中断语句 break。此时程序跳出 while 循环，执行方式 2 后面的 break 语句，然后跳出整个 switch 语句。

　　对比两种处理方式，方式 1 使用 continue 语句，捡到金币后让程序跳过本次循环，然后继续寻找更多的金币。方式 2 使用 break 语句，捡到金币后直接退出，因此，方式 2 最多只能捡到一个金币，而方式 1 则有可能捡到更多的金币。

　　同样需要注意的是，continue 语句也只能跳出它所在的那一层循环。

3.5　C51 函数

　　其实一直出现在例子中的 main（）也算是一个函数，只不过它比较特殊，编译时以它做为程序的开始段。有了函数 C 语言就有了模块化的优点，一般功能较多的程序，会在编写程序时把每项单独的功能分成数个子程序模块，每个子程序就能用函数来实现。函数还能被反复地调用，因此一些常用的函数能做成函数库以供在编写程序时直接调用，从而更好地实现模块化的设计，大大提高编程工作的效率。

3.5.1 函数定义

通常 C 语言的编译器会自带标准的函数库，这些都是一些常用的函数，Keil μVision 中也不例外。标准函数已由编译器软件商编写定义，使用者直接调用就行了，而无需定义。但是标准的函数不足以满足使用者的特殊要求，因此 C 语言允许使用者根据需要编写特定功能的函数，要调用它必须要先对其进行定义。定义的模式如下：

函数类型 函数名称(形式参数表)

{

  函数体

}

函数类型是说明所定义函数返回值的类型。返回值其实就是一个变量，只要按变量类型来定义函数类型就可以。若函数不需要返回值，函数类型可写作"void"表示该函数没有返回值。注意的是函数体返回值的类型一定要和函数类型一致，不然会造成错误。

函数名称的定义在遵循 C 语言变量命名规则的同时，不能在同一程序中定义同名的函数这将会造成编译错误（同一程序中是允许有同名变量的，因为变量有全局和局部变量之分）。形式参数是指调用函数时要传入到函数体内参与运算的变量，它可以是一个、几个或没有，当不需要形式参数也就是无参函数时，括号内可为空或写入"void"表示，但括号不能少。函数体中可包含有局部变量的定义和程序语句，若函数要返回运算值，则要使用 return语句进行返回。在函数的 {} 号中也可什么都不写，这就成了空函数，在一个程序项目中可写一些空函数，在以后的修改和升级中能方便的在这些空函数中进行功能扩充。

3.5.2 函数的调用

函数定义好以后，要被其他函数调用了才能被执行。C 语言的函数是能相互调用的，但在调用函数前，必须对函数的类型进行说明，就算是标准库函数也不例外。标准库函数的说明会被按功能分别写在不一样的头文件中，使用时只要在文件最前面用#include 预处理语句引入相应的头文件即可。如 printf 函数的说明就是放在文件名为 stdio. h 的头文件中。调用就是指一个函数体中引用另一个已定义的函数来实现所需要的功能，这个时候函数体称为主调用函数，函数体中所引用的函数称为被调用函数。一个函数体中能调用数个其他的函数，这些被调用的函数同样也能调用其他函数，也能嵌套调用。主调函数只是相对于被调用函数而言。在 C51 语言中有一个函数是不能被其他函数所调用的，它就是 main 主函数。调用函数的一般形式如下：

函数名（实际参数表）

"函数名"就是指被调用的函数实际参数表可以为零或多个参数，多个参数时要用逗号隔开，每个参数的类型、位置应与函数定义时的形式参数一一对应，它的作用就是把参数传到被调用函数中的形式参数，如果类型不对应就会产生一些错误。调用的函数是无参函数时不写参数，但不能省略后面的括号。

前面说到调用函数前要对被调用的函数进行说明。标准库函数只要用#include 引入已写好说明的头文件，在程序就能直接调用函数了。若调用的是自定义的函数，则要用如下形式编写函数类型：

说明类型标识符 函数的名称（形式参数表）；

这样的说明方式是用于被调函数定义和主调函数在同一文件中。也可以把这些写到文件名.h 的文件中，用#include" 文件名.h" 引入。如果被调函数的定义和主调函数不是在同一文件中，则要用如下的方式进行说明，说明被调函数的定义在同一项目的不一样文件上，其实库函数的头文件也是如此说明库函数的，如此说明的函数也能称为外部函数。

extern 类型标识符 函数的名称（形式参数表）；

函数的定义和说明是完全不一样的，在编译的角度上看函数的定义是把函数编译存放在 ROM 的某一段地址上，而函数说明是告诉编译器要在程序中使用哪些函数并确定函数的地址。如果在同一文件中被调函数的定义在主调函数之前，则这个时候可以不用说明函数类型。也就是说在 main 函数之前定义的函数，在程序中就不用写函数类型说明了。能在一个函数体调用另一个函数（嵌套调用），但不允许在一个函数定义中定义另一个函数。还要注意的是函数定义和说明中的"类型、形参表、名称"等都要相一致。

3.5.3 中断服务函数

中断服务函数是编写单片机应用程序不可缺少的。中断服务函数只有在中断源请求响应中断时才会被执行，这在处理突发事件和实时控制是十分有效的。例如：电路中一个按钮，要求按钮后 LED 点亮，这个按钮何时会被按下是不可预知的，为了要捕获这个按钮的事件，通常会有三种方法，一是用循环语句不断的对按钮进行查询，二是用定时中断在间隔时间内扫描按钮，三是用外部中断服务函数对按钮进行捕获。在这个应用中只有单一的按钮功能，那么第一种方式就能胜任了，程序也很简单，但是它会不停地对按钮进行查询，浪费了 CPU 的时间。实际应用中一般都会还有其他的功能要求同时实现，这时根据需要选用第二或第三种方式，第三种方式占用的 CPU 时间最少，只有在有按钮事件发生时，中断服务函数才会被执行，其余的时间则是执行其他的任务。

单片机 C 语言扩展了函数的定义，使它能直接编写中断服务函数，不必考虑出入堆栈的问题，从而提高了工作效率。扩展的关键字是 interrupt，它是函数定义时的一个选项，只要在一个函数定义后面加上这个选项，那么这个函数就变成了中断服务函数。

在后面还能加上一个选项 using，这个选项是指定选用 52 芯片内部 4 组工作寄存器中的哪个组。初学者不必去做工作寄存器设定，而由编译器自动选择，避免产生不必要的错误。定义中断服务函数时可用如下的形式：

void 函数名 interrupt n [using n]

interrupt 关键字是不可缺少的，由它告诉编译器该函数是中断服务函数，并由后面的 n 指明所使用的中断号。n 的取值范围为 0 ~ 31，但具体的中断号要取决于芯片的型号，像 STC89C52 实际上就使用 0 ~ 5 号中断。每个中断号都对应一个中断向量，具体地址为8n + 3，中断源响应后处理器会跳转到中断向量所处的地址执行程序，编译器会在这个地址上产生一个无条件跳转语句，转到中断服务函数所在的地址执行程序。表 3-7 是 STC89C52 芯片的中断向量和中断号。

表 3-7 单片机芯片中断号和中断向量

中断源	中断向量	中断号
外部中断 0	0003H	0
定时器 0 溢出	000BH	1
外部中断 1	0013H	2
定时器 1 溢出	001BH	3
串行口中断	0023H	4
定时器 2 溢出	002BH	5

使用中断服务函数时应注意：中断函数不能直接调用中断函数；不能通过形参传递参数；在中断函数中调用其他函数，两者所使用的寄存器组应相同。

下面是简单的例子。首先要在前面做好的实验电路中多加一个按钮，接在 P3.2（12 引脚外部中断 INT0）和地线之间。把编译好的程序烧录到芯片后，当接在 P3.2 引脚的按钮下时，中断服务函数 Int0Demo 就会被执行，把 P3 当前的状态反映到 P1，如按钮按下后，P3.7（之前在这脚装过一按钮）为低，这个时候 P1.7 上的 LED 就会熄灭。放开 P3.2 上的按钮后，P1 状态保持先前按下 P3.2 时 P3 的状态。

```c
#include  < reg52. h >
unsigned char P3State(void);                //函数的说明，中断函数不用说明
void main( void)
{
    IT0  = 0;                                //设外部中断 0 为低电平触发
    EX0  = 1;                                //允许响应外部中断 0
    EA  = 1;                                 //总中断开关
    while(1);
}
//外部中断 0 演示,使用 2 号寄存器组
void Int0Demo( void) interrupt 0 using 2
{
    unsigned int Temp;                       //定义局部变量
    P1  =  ~ P3State();                      //调用函数取得 P3 的状态反相后并赋给 P1
    for (Temp = 0; Temp < 50; Temp + + );    //延时。这里只是演示局部变量的使用
}
//用于返回 P3 的状态,演示函数的使用
unsigned char P3State( void)
{
    unsigned char Temp;
    Temp = P3;                               //读取 P3 的引脚状态并保存在变量 Temp 中
    //这样只有一句语句,没必要做成函数,这里只是学习函数的基本使用方法
    return Temp;
}
```

3.6 程序划分为多个文件

本文讨论如何将程序划分为多个文件

1. 源文件（. c）

在编写程序时可以把程序分成多个源文件，根据惯例，源文件的扩展名为. c。每个源文件包含程序的部分内容，主要是函数和变量的定义。

2. 头文件（. h）

当一个程序分解成几个源程序后，问题随之产生，例如：

（1）某文件中的函数如何调用定义在其他文件中的函数？

（2）多个文件之间如何共享外部变量以及共享类型定义或者宏定义等。

#include 指令使得以上问题的解决成为可能，它使得任意数量源程序共享信息成为可能。#include 指令告诉编译器打开特定的文件，并把文件插入到当前文件中。如果几个不同的源程序需要访问同样的内容，可以用#include 指令将内容包含到每个文件内。按照此种方式包含的文件称为头文件。

3.6.1 共享宏定义和类型定义

例如，假设正在编写的程序使用名为 BOOL、TRUE 和 FALSE 的宏。不用在每个需要的源文件中重复定义这些宏，而是把这些定义放在像名为 boolean. h 这样的头文件中：

```
#define BOOL int
#define TRUE 1
#define FALSE 0
typedef int Bool;
```

任何需要这些宏或者类型的源文件只需简单包含下面这一行：

```
#include "boolean. h"
```

3.6.2 共享函数原型

假设源文件需要调用一个名为 f 的函数，而此函数存储在另外的源文件 foo. c 中，那么在调用前必须声明函数的原型，因为调用没有声明函数原型的函数是非常危险的，将迫使编译器认为函数的返回值为 int 型而且假定形式参数的数量和函数 f 的调用中的实际参数数量是匹配的。通过默认的实际参数提升，实际参数自身自动转化为“标准格式”。编译器的假设也可能是错误的，但是，因为一次只能编译一个文件，所以是没有办法进行检查的。如果假设是错误的，那么程序大概无法工作，而且没有任何作为原因的线索。

因此，在调用函数前必须确保编译器看到函数原型！！

此时，可以把函数 f 的原型放到头文件中，然后把所有调用函数 f 的源文件中包含该头文件。例如可以把头文件命名为 foo. h，并且在 foo. c 文件中也包含 foo. h 文件，迫使编译前检查头文件中的函数原型是否和源文件匹配。

3.6.3　共享变量声明

例如，在文件 foo. c 中定义了一个变量 i（语句"int i;"）文件 fool. c 访问变量 i 时需要先声明变量 extern int i; 关键字 extern 通知编译器变量 i 在程序（或其他文件）的不同位置已经定义，不需要为 i 分配存储空间。类似这样的声明可以放在头文件中，使得每个需要访问此变量的文件包含这个头文件。

在文件中共享变量时，必须保证变量的声明和定义的类型绝对一致！

3.6.4　保护头文件

如果头文件被多次包含，并且头文件中含有类型定义的内容时，头文件被多次编译，将出现编译错误，为了防止头文件多次包含，将用#ifndef 和#endif 两个指令来把文件的内容闭合起来。例如，可以用如下方式保护文件 boolean. h：

```
#ifndef BOOLEAN_H
#define BOOLEAN_H
#define TRUE 1
#define FALSE 0
typedef int Bool;
#endif
```

在首次包含这个文件时，将不定义宏 BOOLEAN_H，所以预处理器允许保留在#ifndef 和#endif 之间的多行内容。但是如果再次包含此文件，那么预处理器将把#ifndef 和#endif 之间的多行内容删除。

. H 文件一般用于：

1）声明全局变量。

2）声明函数。

3）C + + 中类的前向声明（针对需要用到的类对象指针及引用）。

4）定义自定义类型，如各类结构体，C + + 中的类。

5）定义和实现 C + + 中的函数模板和类模板。

6）公用的各类宏定义。

一般格式：

```
#ifndef XXXXXXX_H_
#define XXXXXXX_H_
…
#endif  // XXXXXXX_H_
```

本章小结

单片机应用系统程序设计采用 C 语言实现，具有对单片机内部资源的操作直接、简单，实现的程序紧凑等优点。设计人员采用 C 语言完成程序设计，可以使单片机应用软件具有良好的可读性、易维护性和可移植性。

　　能够对 51 内核单片机硬件进行操作的 C 语言，它们通常统称为 C51。Keil 公司的 C51 语言集成开发环境 μVision4 最受欢迎。

　　C51 编译器支持的常用数据类型有：字符型、整型、长整型、浮点性、位型和指针型。

　　了解 C51 程序开发过程；掌握 C51 语言的数据类型、运算符，控制语句；掌握函数的定义、调用和声明。如何将程序划分为多个文件。

实训项目

　　新建一个程序文件，编写程序，并将文件划分为两个文件。

第4章 流水灯实现——C51编程

前面学了如何点亮 LED 灯，如何让 8 个 LED 灯一个接一个的点亮（俗称流水灯）呢？

4.1 设计思路

LED 灯电路原理图如图 4-1 所示。

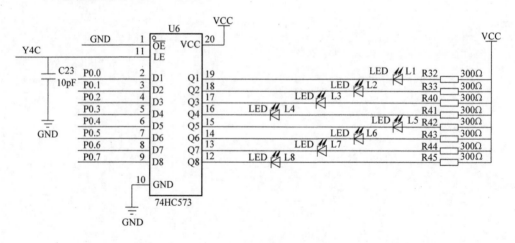

图 4-1 LED 灯原理图

点亮 L1—延时—点亮 L2—延时—点亮 L3—延时—点亮 L4—延时—点亮 L5—延时—点亮 L6—延时—点亮 L7—延时—点亮 L8—延时，接着又从点亮 L1 开始，一直循环下去。

点亮 L1：P0.0 为 0，其他引脚为 1，P0 口引脚电平为 1111 1110B（0XFE）；

延时一段时间；

点亮 L2：P0.1 为 0，其他引脚为 1，P0 口引脚电平为 1111 1101B（0XFD）；

延时一段时间；

点亮 L3：P0.2 为 0，其他引脚为 1，P0 口引脚电平为 1111 1011B（0XFB）；

延时一段时间；

点亮 L4：P0.3 为 0，其他引脚为 1，P0 口引脚电平为 1111 0111B（0XF7）；
延时一段时间；
点亮 L5：P0.4 为 0，其他引脚为 1，P0 口引脚电平为 1110 1111B（0XEF）；
延时一段时间；
点亮 L6：P0.5 为 0，其他引脚为 1，P0 口引脚电平为 1101 1111B（0XDF）；
延时一段时间；
点亮 L7：P0.6 为 0，其他引脚为 1，P0 口引脚电平为 1011 1111B（0XBF）；
延时一段时间；
点亮 L8：P0.7 为 0，其他引脚为 1，P0 口引脚电平为 0111 1111B（0X7F）；
延时一段时间；

程序流程图如图 4-2 所示。

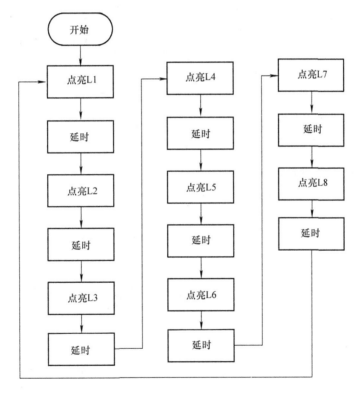

图 4-2　流水灯流程图

4.2　软件延时

C 语言常用的延时方法有两种，一种是精确延时，一种是非精确延时。

非精确延时通过 for 和 while 循环语句，改变 i 的范围值来改变延时的时间，但具体执行的时间通过程序是看不出来的。所以，非精确延时在对时间要求比较严格的场所，用的比较少。

　　精确延时是通过定时器来延时，这个知识在后面课程详细介绍，定时器是单片机中的一个重点。

　　人的肉眼对闪烁的光线有一个最低分辨率，通常情况下当闪烁的频率高于 50Hz 时，看到的信号就是常亮的，即延时时间低于 20ms 的时候，人的肉眼分辨不出 LED 灯在闪烁，最多能看到 LED 灯亮暗稍微变化了一下。

　　延时方式：for(i = 0；i < 30000；i + +)；

　　该程序代表一直在此处循环执行 30000 次，假设每循环一次用 1μs，则执行该循环用了 30000μs（30ms）。如果改成 i < 1000，则代表延时了 1ms。

　　投机取巧

　　打开 STC – ISP 下载软件，单击软件延时计算器，选择定时长度，然后生成 C 代码，复制到程序中，就可以调用。操作如图 4-3 所示。

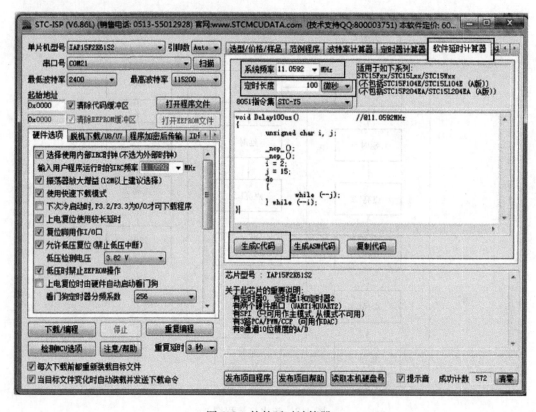

图 4-3　软件延时计算器

4.3　程序实现

lesson4. c

```
#include  < reg52. h >
#include " intrins. h"
```

```
void Delay20ms( );          //@11.0592MHz
void main( )
{
while( 1 )
{
    P2 = ( P2&0X1F) |0X80;
    P0 = 0XFE;
    Delay20ms( );
    P0 = 0XFD;
    Delay20ms( );
    P0 = 0XFB;
    Delay20ms( );
    P0 = 0XF7;
    Delay20ms( );
    P0 = 0XEF;
    Delay20ms( );
    P0 = 0XDF;
    Delay20ms( );
    P0 = 0XBF;
    Delay20ms( );
    P0 = 0X7F;
    Delay20ms( );
    P2 = ( P2&0X1F) ;
    }
}
void Delay20ms( )          //@11.0592MHz
{
    unsigned char i, j, k;
    _nop_( );
    _nop_( );
    i = 1;
    j = 216;
    k = 35;
    do
    {
        do
        {
            while ( − −k) ;
        } while ( − −j) ;
```

```
} while ( – – i);
}
```

实现结果如图4-4所示。

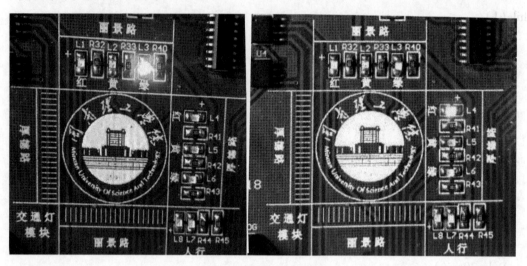

图4-4　流水灯效果图

本章小结

本章介绍了如何编程实现流水灯控制。通过该项目巩固前几章所学知识点，如：了解函数的基本结构，函数定义、函数声明、函数调用，C 语言的基本语句用法等。重点介绍了软件延时的两种方法。软件延时在后续的项目中经常用到。

通过本项目引导学生学会画流程图（编程思路），然后转化为 C51 程序，旨在培养学生自主学习能力。

实训项目

1. 利用 C51 库函数实现流水灯。
2. 闪烁灯、爆炸灯实现。

第5章　计数器——数码管显示与独立按键

教学目标

1. 通过本章的学习，使学生理解数码管的显示原理，数码管的真值表与静态显示原理。
2. 掌握基于 51 单片机的数码管显示的设计与应用。
3. 掌握基于 51 单片机的独立按键的设计与应用。

重点内容

1. 独立按键扫描程序的编写。
2. 数码管显示程序的编写。

5.1　数码管的显示原理

LED 只能通过亮灭来表达简单信息，而本节将学习一种能表达较复杂信息的硬件——LED 数码管，其内部基本构成便是 LED。

图 5-1 所示是一种常见的 LED 数码管，数码管共有 a、b、c、d、e、f、g、dp 八个段，每个段实际上是一个 LED，因此一个数码管由 8 个 LED 组成。其内部结构图如图 5-2 所示。

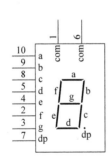
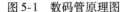
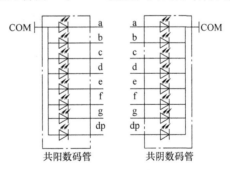

图 5-1　数码管原理图　　　　图 5-2　数码管内部结构示意图

数码管分为共阴和共阳两种。共阴数码管的 8 个 LED 的阴极连接在一起，阴极是公共端接地，由阳极控制 LED 的亮灭。对某段送高电平 1 时，该段的 LED 亮，反之，送低电平 0 时，则该段的 LED 不亮。同理，共阳数码管则是阳极连接在一起，阳极是公共端接 VCC，由阴极控制 LED 的亮灭。

由图 5-1 可知，一个数码管设置 2 个 COM 端，主要有两个原因：第一，共 10 个引脚，便于封装。第二，公共端的电流较大，两个公共端可以起到并联分流的作用，降低单个引脚线路所承受的电流。

开发板所用的数码管是共阳数码管，一共 8 位数码管。图 5-3 中，8 个公共端 com1 ~ com8 是位选端，其数据由 P0 口提供，由 Y6C 进行数据锁存的控制；段选码 a ~ dp，其数据也是由 P0 口提供，由 Y7C 进行数据锁存的控制。当某一位数码管的位选为 1，相应的字段为 0 时，可以显示对应的字符。而 Y6C 和 Y7C 的值分别受到 Y6 和 Y7 的控制，Y4、Y6 和 Y7 由 74HC138 的 C、B、A 三个地址端的值进行数据选择，如图 5-4 所示。74HC138 的地址端分别接单片机 P2.7、P2.6 和 P2.5。

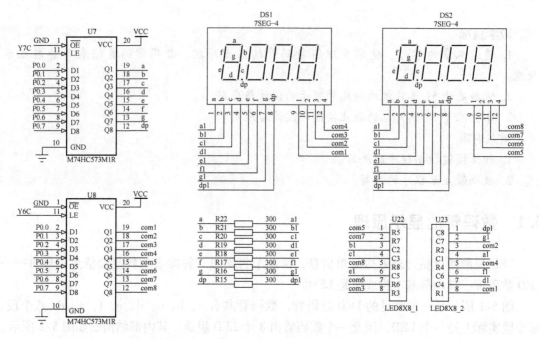

图 5-3　开发板数码管电路

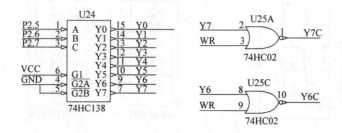

图 5-4　74HC138 控制图

总体而言，数码管通常是用于显示数字，开发板上的 8 位共阳数码管，由 74HC138 实现锁存器 74HC573 的选通。而数码管内部的 8 个 LED 称为数码管的段，段选则由 P0 口控制，经过 74HC573 驱动。

5.2　数码管的真值表与静态显示

数码管的 a、b、c、d、e、f、g、dp 八个段的控制实际上便是对 8 个 LED 的控制。通过图 5-1 可知，点亮 b、c 段的二极管，其他段的二极管处于灭的状态，那么，数码管便显示出数字 "1"，而此时 P0 的二进制值便是 11111001，十六进制就是 0xF9。据此，完成程序编译，将程序下载到单片机上即可在 8 位数码管上显示出数字"1"。

```
#include "reg52.h"          //定义 51 单片机特殊功能寄存器，J13 配置为 IO 模式
unsigned char code tab[ ] = {0xc0,0xf9,0xa4,0xb0,0x99,0x92,0x82,0xf8,0x80,0x90};
//共阳极数码管真值表
void main(void)
{
    //位选——选通哪个数码管，高电平选通。如下选通 8 个数码管
    P0 = 0xFF;
    P2 = P2&0x1F|0xC0;
    P2 = P2&0x1F;
    //段码——要显示的内容
    P0 = tab[1];//显示 1
    P2 = P2&0x1F|0xE0;
    P2 = P2&0x1F;
    while(1)
    {
        ;
    }
}
```

同理，可以在数码管上显示出其他数值，而数码管显示的数字字符对应给 P0 的赋值，称为数码管的真值表，也称段码，如表 5-1 所示。

表 5-1　七段数码管段码

显示字符	共阴极段码	共阳极段码	显示字符	共阴极段码	共阳极段码
0	3FH	C0H	9	6FH	90H
1	06H	F9H	A	77H	88H
2	5BH	A4H	B	7CH	83H
3	4FH	B0H	C	39H	C6H
4	66H	99H	D	5EH	A1H
5	6DH	92H	E	79H	86H
6	7DH	82H	F	71H	8EH
7	07H	F8H	"熄灭"	00H	FFH
8	7FH	80H			

在同一时刻只能使用一位数码管，并根据 P0 输出值的不同改变数码管的显示数值，这种驱动方式便是数码管的静态显示。静态显示的显示驱动电路具有锁存功能，单片机将所要显示的字型代码送出后就不再控制 LED 数码管，直到下一次显示时再传送一次新的显示段码。静态显示的字型稳定，占用 CPU 时间少，但是每位数码管要占用单独的具有锁存功能的 I/O 接口，使用的电路硬件较多。

在 C51 程序中，经常采用关键字 code 对数码管段码进行定义。其中，最常用到的是 unsigned char 或者 unsigned int 这两个关键字，这类定义的变量都是存放在单片机的 RAM 中，在程序中可以随意去改变这些变量的值。但是还有一种数据，在程序中需要使用，但是不会改变它的值，定义这种数据时可以加一个 code 关键字修饰，这个数据就会存储到程序空间 Flash 中，这样可以大大节省单片机的 RAM 的使用量，毕竟单片机 RAM 空间比较小，而程序空间则大得多。而要使用的数码管真值表，往往只会使用它们的值，而不需要改变它们，因此可以用 code 关键字修饰，把所定义的字符放入 Flash 中。

unsigned char code tab[] = {0xc0, 0xf9, 0xa4, 0xb0, 0x99, 0x92, 0x82, 0xf8, 0x80, 0x90};
　　　　　　　　　　　　　　　　//共阳极数码管真值表

5.3　独立按键检测

常用的按键电路有两种形式，独立式按键和矩阵式按键，独立式按键比较简单，它们各自与独立的输入线相连接，每个按键独占一根 IO 口，如图 5-5 所示。

4 条输入线接到单片机的 IO 口上，当按键 S7 按下时，通过按键 S7 最终与 GND 形成一条通路，P3.0 引脚便为低电平。当松开按键后，线路断开，就不会有电流通过，那么 P3.0 引脚则保持为高电平。因此，可以通过 P3.0 这个 IO 口的高低电平来判断是否有按键按下。低电平 0 则说明按键被按下，反之，高电平 1 则说明按键松开。

实际上在单片机 IO 口内部，有一个上拉电阻的存在。按键是接到了 P3 口上，P3 口上电默认是准双向 IO 口，其准双向 IO 口的电路如图 5-6 所示。

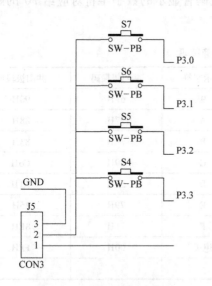

图 5-5　独立式按键原理图

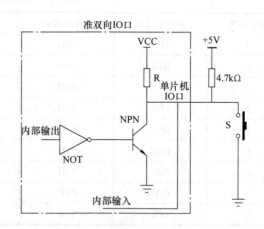

图 5-6　准双向 IO 口结构图

首先，绝大多数单片机的 IO 口都是使用 MOS 管而非晶体管，但由于此处的 MOS 管其原理和晶体管是一样的，因此在这里可用晶体管替代它来进行原理讲解，有助于理解。图 5-6 方框内的电路都是指单片机内部部分，方框外的表示外接的上拉电阻和按键。此处，必须注意，当要读取外部按键信号的时候，单片机必须先给该引脚写"1"，也就是高电平，这样才能正确读取到外部按键信号。

当内部输出是高电平，经过一个反向器变成低电平，NPN 晶体管不会导通，那么单片机 IO 口从内部来看，由于上拉电阻 R 的存在，所以是一个高电平。当外部没有按键按下将电平拉低的话，VCC 也是 +5V，它们之间虽然有 2 个电阻，但是没有电压差，就不会有电流，线上所有的位置都是高电平，这时便可以正常读取到按键的状态了。

当内部输出是个低电平，经过一个反相器变成高电平，NPN 晶体管导通，那么单片机的内部 IO 口就是个低电平，这时，外部虽然也有上拉电阻的存在，但是两个电阻是并联关系，不管按键是否按下，单片机的 IO 口上输入到单片机内部的状态都是低电平，这种情况便无法正常读取到按键的状态了。

这种情况和水流很类似，内部或外部只要有一边是低电位，那么电流就会顺流而下，由于只有上拉电阻，下边没有电阻分压，直接到 GND 上了，所以不管另外一边是高还是低，那电平肯定就是低电平了。

从上面的分析就可以得出一个结论，这种具有上拉的准双向 IO 口，如果要正常读取外部信号的状态，必须首先保证自己内部输出的是 1，如果内部输出 0，则无论外部信号是 1 还是 0，这个引脚读进来的都是 0。以下为一个独立按键的验证程序。

```c
#include "reg52. h"
sbit S7    = P3^0;                    //定义独立按键接口
sbit S6    = P3^1;
sbit S5    = P3^2;
sbit S4    = P3^3;
void main( void)
{
    while(1)
    {
        if(S7 = = 0)
        {
            P2 = ((P2&0x1F)|0x80);
            P0 = 0xFF;            //关闭所有 LED 灯
            P2 & = 0x1F;
        }
        if(S6 = = 0)
        {
            P2 = ((P2&0x1F)|0x80);
            P0 = 0x00;            //打开所有 LED 灯
            P2 & = 0x1F;
        }
        if(S5 = = 0)
        {
            P2 = ((P2&0x1F)|0xa0);
```

```
                    P0 & = ~ (0x01 < <6);    //Close
                    P2 & = 0x1F;
                }
            if(S4 = = 0)
            {
                    P2 = ((P2&0x1F)|0xa0);
                    P0 | = (0x01 < <6); //Open
                    P2 & = 0x1F;
                }
            }
        }
```

5.4　计数器实现

　　绝大多数情况下，按键是不会一直被按
住的，因此通常检测动作并非检测一个固定
的电平值，而是检测变化，即按键在按下和
弹起这两种状态之间的变化，只要发生了这
种变化就说明现在按键产生动作了。

　　程序上，可以把每次扫描到的按键状态
都保存起来，当一次按键状态扫描进来的时
候，与前一次的状态作比较，如果发现这两
次按键状态不一致，就说明按键产生动作
了。这分两种情况：第一，上一次状态是未
按下而此时按键状态是"按下"；第二，上
一次按键的状态是"按下"，而此时按键的
状态就是"弹起"。显然，每次按键动作都
会包含一次"按下"和一次"弹起"。可以
任选其一来执行程序，或者两个都用，以执

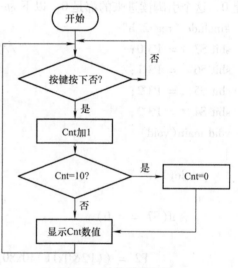

图 5-7　计数器流程图

行不同的程序，以计数器的程序用来实现这个功能，以图 5-5 中的 S7 按键为例，其流程图
如图 5-7 所示。

```
#include  < reg52. h >
#include " absacc. h"
sbit S7 =  P3^0;
unsigned char code LedChar[ ] = {                  // 数码管显示字符转换表
0xC0, 0xF9, 0xA4, 0xB0, 0x99, 0x92, 0x82, 0xF8,
0x80, 0x90, 0x88, 0x83, 0xC6, 0xA1, 0x86, 0x8E
};
void main( )
```

```
{
    bit backup = 1;                          // 定义一个位变量,保存前次扫描的按键值
    unsigned char cnt = 0;                   //定义一个计数变量,记录按键下的次数
    P0 = 0x01;
    P2 = P2&0X1F|0Xc0;
    P2 = P2&0X1F;
    // 显示按键次数初值
    P0 = LedChar[cnt];
    P2 = P2&0X1F|0XE0;
    P2 = P2&0X1F;
    while (1)
    {
        if (S7 ! = backup)                   //当前值与上一次不相等说明此时按键有动作
        {
            if (backup = = 0)
            {
                cnt + +;
                if (cnt > = 10)              //只用 1 个数码管显示,所以加到 10 就清零,
                                               重新开始
                    cnt = 0;
                P0 = 0x01;
                P2 = P2&0X1F|0Xc0;
                P2 = P2&0X1F;
                P0 = LedChar[cnt];
                P2 = P2&0X1F|0XE0;
                P2 = P2&0X1F;
            }
            backup = S7;
             // 更新备份为当前值,以进行下次比较
        }
    }
}
```

　　程序中的一个新知识点,就是变量类型 bit,这个在标准 C 语言里是没有的。51 单片机
有一种特殊的变量类型就是 bit 型。比如 unsigned char 型是定义了一个无符号的 8 位的数据,
它占用一个字节(Byte)的内存,而 bit 型是 1 位数据,只占用一个位(bit)的内存,用法
和标准 C 中的其他基本的数据类型是一致的。它的优点是节省内存空间,8 个 bit 型变量才
相当于 1 个 char 型变量所占用的空间。虽然它只有 0 和 1 两个值,但可以用于表示按键的按
下和弹起、LED 的亮灭、晶体管的导通与关断。

　　在以上程序中,以 S7 为例,按一次按键,便会产生"按下"和"弹起"两个动作,选

择在"弹起"时对数码管的数值加 1 操作。

5.5 数码管动态显示

5.5.1 C 语言数组回顾

1. 数组的基本概念

前面介绍了变量的基本类型，比如 char、int 等，这种类型描述的都是单个具有特殊意义的数据，当要处理拥有同类意义但却包含多个数据的时候，可以用到数组，比如数码管的真值表便是用一个数组来表达。

从概念上讲，数组是具有相同数据类型的有序数据的组合，一般来讲，数组定义后满足以下三个条件：

1）具有相同的数据类型。

2）具有相同的名字。

3）在存储器中是被连续存放的。

比如 5.2 节中定义的数码管真值表（表 5-1），如果把关键字 code 去掉，数组元素将被保存在 RAM 中，在程序中可读可写，同时也可以在中括号里边标明这个数组所包含的元素个数，比如：

```
unsigned char LedChar[16] = {
    0xC0, 0xF9, 0xA4, 0xB0, 0x99, 0x92, 0x82, 0xF8,
    0x80, 0x90, 0x88, 0x83, 0xC6, 0xA1, 0x86, 0x8E
};
```

在这个数组中的每个值都称为数组的一个元素，这些元素都具备相同的数据类型，就是 unsigned char 型，它们有一个共同的名字 LedChar，不管放到 RAM 中还是 FLASH 中，它们都是存放在一块连续的存储空间里的。

有一点要特别注意，这个数组一共有 16（中括号里面的数值）个元素，但是数组的单个元素的表达方式——下标是从 0 开始，因此实际上这个数组的首个元素 LedChar [0] 的值是 0xC0，而 LedChar [15] 的值是 0x8E，以此类推，下标从 0 到 15 一共是 16 个元素。

LedChar 这个数组只有一个下标，被称为一维数组，还有两个下标和多个下标的，则被称为二维数组和多维数组。比如 unsigned char a [2] [3]；表示这是一个 2 行 3 列的二维数组。在大多数情况下使用的是一维数组。

2. 数组的声明

一维数组的声明格式如下：

数据类型　数组名［数组长度］；

1）数组的数据类型声明的是该数组的每个元素的类型，即一个数组中的元素具有相同的数据类型。

2）数组名的声明要符合 C 语言固定的标识符的声明要求，只能由字母、数字、下划线这三种符号组成，且第一个字符只能是字母或者下划线。

3）方括号中的数组长度是一个常量或常量表达式，并且必须是正整数。

3. 数组的初始化

数组在进行声明的同时可以进行初始化操作，格式如下：

数据类型数组名[数组长度] = {初值列表};

下面仍然以表 5-1 为例来讲解注意事项。

unsigned char LedChar[16] = {

0xC0，0xF9，0xA4，0xB0，0x99，0x92，0x82，0xF8，

0x80，0x90，0x88，0x83，0xC6，0xA1，0x86，0x8E};

1）初值列表里的数据之间要用逗号隔开。

2）初值列表里的初值数量必须等于或小于数组长度，当小于数组长度时，数组的后边没有赋初值的元素由系统自动赋值为 0。

3）若给数组的所有元素都赋初值，那么可以省略数组的长度，上节课的例子中实际上已经省略了数组的长度。

4）系统为数组分配连续的存储单元的时候，数组元素的相对次序由下标来决定，就是说 LedChar［0］、LedChar［1］……LedChar［15］是按照顺序紧挨着依次排下来的。

4. 数组的使用和赋值

在 C 语言程序中，是不能一次使用整个数组的，只能使用数组的单个元素。一个数组元素相当于一个变量，使用数组元素的时候与使用相同数据类型的变量的方法是一样的。比如 LedChar 这个数组，如果没加 code 关键字，那么它可读可写，我们可以写成 a = LedChar［0］；这样来把数组的一个元素的值送给 a 这个变量，也可以写成 LedChar［0］= a；这样把 a 这个变量的值送给数组中的一个元素，以下三点要注意：

1）引用数组的时候，那个方括号里的数字代表的是数组元素的下标，而数组初始化的时候方括号里的数字代表的是这个数组中元素的总数。

2）数组元素的方括号里的下标可以是整型常数、整型变量或者表达式，而数组初始化的时候方括号里的数字必须是常数，不能是变量。

3）数组整体赋值只能在初始化的时候进行，程序执行代码中只能对单个元素赋值。

5.5.2 动态显示原理

多个数码管显示数字的时候，实际上是轮流点亮数码管（一个时刻内只有一个数码管是亮的），利用人眼的视觉暂留现象（也叫余辉效应），就可以做到看起来所有数码管都同时亮了，这就是动态显示，也叫做动态扫描。动态扫描显示是用其接口电路把每一位显示器的 8 个笔划段 a ~ dp 的同名端连在一起，而每一位显示器的公共端各自独立地受 I/O 口线控制，作为位选。当 CPU 向某一位显示器送段选码时，每一位显示器都会收到相同的段选码，但只有被位选选中的那一位显示器得到了显示。动态扫描用分时的方法轮流控制每位显示器的公共端，使各个显示器轮流显示，在轮流扫描的过程中，每位显示器的显示时间极为短暂，但由于人的视觉暂留效应及发光二极管的余辉效应，在人的视觉印象中得到的是一组稳定的字型显示。动态显示需要 CPU 时刻对显示器件进行刷新，显示的字型有闪烁感，占用 CPU 时间多，但使用的硬件少，能节省电路板空间。

例如：有两个数码管，要显示"12"这个数字，先让高位的位选晶体管导通，然后控制段选让其显示"1"，延时一定时间后再让低位的位选晶体管导通，然后控制段选让其显

示 "2"。把这个流程以一定的速度循环运行就可以让数码管显示出 "12"，由于交替速度非常快，人眼识别到的就是 "12" 这两位数字同时亮了。

那么一个数码管需要点亮多长时间呢？也就是说要多长时间完成一次全部数码管的扫描呢（很明显：整体扫描时间 = 单个数码管点亮时间 * 数码管个数）？答案是：10ms 以内。当电视机和显示器还处在 CRT（电子显像管）时代的时候，有一句很流行的广告语——"100Hz 无闪烁"，没错，只要刷新频率大于 100Hz，即刷新时间小于 10ms，就可以做到无闪烁，这也是动态扫描的硬性指标。那么你也许会问，有最小值的限制吗？理论上没有，但实际上做到更快的刷新是没有任何进步的意义了，因为已经无闪烁了，再快也还是无闪烁，只是徒然增加 CPU 的负荷而已（因为 1s 内要执行更多次的扫描程序）。所以，通常设计程序时，都是取一个接近 10ms，又比较规整的值就行了。开发板上有 8 个数码管，那么现在就来着手写一个数码管动态扫描的程序，实现兼验证上面讲的动态显示原理。

数码管动态扫描显示 12345678。在编写这类稍复杂的程序时，建议初学者先用程序流程图来把程序的整个流程理清，在动手写程序之前先把整个程序的结构框架搭好，把每一个环节要实现的功能先细化出来，然后再用程序代码一步一步地去实现。

5.5.3　程序实现

通过以下程序来说明数码管的动态显示。

```
#include " reg52. h"
#include " absacc. h"
                        //   0    1    2    3    4    5    6    7    8    9
unsigned char code tab[ ] = { 0xc0, 0xf9, 0xa4, 0xb0, 0x99, 0x92, 0x82, 0xf8, 0x80, 0x90};
unsigned char dspbuf[8] = {1,2,3,4,5,6,7,8};
unsigned char dspcom = 0;
void display( void) ;
void main( void)
{
        TMOD | = 0x01;                      //配置定时计数器
        TH0 = (65536 - 2000)/256;
        TL0 = (65536 - 2000)% 256;
        EA = 1;
        ET0 = 1;
        TR0 = 1;
        while(1)
        {
                ;
        }
}
void isr_timer_0( void)   interrupt 1        //定时中断服务
{
```

```
    TH0 = (65536 - 2000)/256;
    TL0 = (65536 - 2000)%256;                //重装初值
    display();  //2ms 执行一次
}
//显示函数
void display(void)
{
    P0 = 0XFF;
    P2 = P2&0X1F|0XE0;
    P2 = P2&0X1F;

    P0 = 1 < <dspcom;
    P2 = P2&0X1F|0Xc0;
    P2 = P2&0X1F;

    P0 = tab[dspbuf[dspcom]];
    P2 = P2&0X1F|0XE0;
    P2 = P2&0X1F;

    if( + +dspcom = =8)
    {
        dspcom =0;
    }
}
```

5.5.4 数码管显示消隐

在数码管动态显示程序的运行中往往出现一个问题，数码管不应该亮的段似乎有微微的发亮，这种现象叫做"鬼影"，这个"鬼影"严重影响了我们的视觉效果。

针对"鬼影"的出现，主要是在数码管位选和段选产生的瞬态造成的。举个简单例子，在数码管动态显示的那部分程序中，实际上每一个数码管点亮的持续时间是 2ms，2ms 后进行下一个数码管的切换。在进行数码管切换时，假如此刻最高位数码管对应的值是 0，要切换成的数码管位选值是 1。又因为 C 语言程序是一句一句顺序往下执行的，每一条语句的执行都会占用一定的时间，即使这个时间很短暂。这个瞬间存在了一个中间状态，这个时候，P0 还没有正式赋值，而 P0 此刻却保持了前一次的值，也就是在这个瞬间，又给数码管赋值了一个 0。直到把后边的语句全部完成后，刷新才正式完成。而在这个刷新过程中，有 2 个瞬间我们给错误的数码管赋了值，虽然很弱（因为亮的时间很短），但是还是能够发现。

因此只要避开这个瞬间错误就可以了。不产生瞬间错误的方法是，在进行位选切换期间，避免一切数码管的赋值即可。方法有两个，一个方法是刷新之前关闭所有的段，改变好了位选后，再打开段；第二个方法是关闭数码管的位，赋值过程都做好后，再重新打开。通常采用关闭段的方式，即加一句 P0 = 0xFF;，这样就把数码管所有的段都关闭了，再给 P0 赋对应的值即可。

本章小结

本章介绍了数码管的显示原理，分为共阴极数码管和共阳极数码管。按照其不同类型对应不同的数码管真值表，说明了数码管的静态显示原理。独立按键每个按键独占一根 IO 口线，其电路结构原理简单，适用于按键数量较少的场合。利用数码管动态显示 12345678 例程，介绍了 C 语言数组的书写语法及数码管的动态显示原理。

实训项目

设计一个能够声光提示的 4 路抢答器，要求 S7（P3.0）按键按下，开始 20s 倒计时，提示开始抢答。S5（P3.2）设置调节倒计时时间的功能。抢答时间上限为 50s。每按一次增加 1s，时间可在 20~50s 之间任意设置。S6（P3.1）为开始抢答开关，S4（P3.4）为答题时间的调整开关，调整时间范围为 30~60s。开始抢答，任一选手按下选手键，则显示屏显示选手编号，并声音提示。如 6 号选手抢答，则显示 6 号，及剩余时间。答题开始时，显示选手号，以及答题时间开始倒计时。

第6章 数字秒表——中断系统及定时器

教学目标
1. 掌握51单片机的中断系统结构和控制方式以及中断的处理过程。
2. 掌握中断响应的条件和中断优先级的应用，掌握外部中断源的扩展方法。
3. 掌握单片机定时器/计数器的结构和工作原理，以及工作方式和工作模式的选择和应用。

重点内容
1. 中断的初始化设置，以及中断函数的编写。
2. 定时/计数器的初始化编程。

6.1 中断系统

1. 中断

当CPU正在处理某段程序的时候，外部或者内部发生的某一事件请求CPU迅速去处理，于是CPU暂时中断当前的工作，去处理所发生的事件。处理完该事件后，再返回到原来被中断的地方继续原来的工作，此过程称为**中断**。

2. 中断源

引起CPU中断的内部或外部事件就是**中断源**。

3. 中断请求

中断源向CPU发出的处理请求即**中断请求或中断申请**。

4. 中断响应

CPU暂时中止正在处理的事情，转去处理突发事件的过程，称为**中断响应**。

5. 其他概念

实现中断功能的部件称为中断系统，又称**中断机构**。

CPU响应中断后，处理中断事件的程序称**中断服务程序**。

在CPU暂时终止执行的程序，转去执行中断服务程序时PC值即**为断点地址**。

CPU执行完中断服务程序后回到断点的过程称为**中断返回**。

6. 中断的功能

中断是计算机的一项重要技术，计算机引入中断后，大大提高了它的工作效率和处理问题的灵活性，主要功能有以下几个方面：

1）使CPU与外设同步工作。

2）实现实时处理。

3）故障及时处理。

6.2　中断系统处理过程

6.2.1　51 内核单片机的中断结构

STC89C52 单片机的中断结构如图 6-1 所示，主要由与中断有关的 5 个特殊功能寄存器和硬件查询电路等组成。STC89C52 单片机的中断系统提供 6 个中断源，两个中断优先级。

特殊功能寄存器主要用于控制中断的开放和关闭、保存中断信息、设置中断的优先级别。硬件查询电路主要用于判定 6 个中断源的自然优先级别。

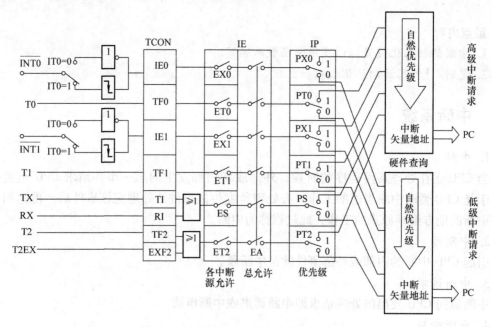

图 6-1　STC89C52 单片机的中断系统结构

6.2.2　单片机的中断源

STC89C52 单片机的中断系统主要是对 6 个中断源进行管理，依次为：

1) INT0：外部中断 0 （P3.2）。

2) INT1：外部中断 1 （P3.3）。

3) T0：定时器/计数器 0 中断。

4) T1：定时器/计数器 1 中断。

5) T2：定时器/计数器 2 中断。

6) TI/RI：串行口中断。

CPU 主要是通过以下几个特殊寄存器对中断源进行管理。

1. 定时器控制寄存器 TCON

TCON 为定时器/计数器 T0 和 T1 的控制器，同时也锁存 T0 和 T1 的溢出中断标志及外部中断 0 和 1 的中断标志等。与中断有关的位如下所示：

	8FH	8EH	8DH	8CH	8BH	8AH	89H	88H
TCON（88H）	TF1		TF0		IE1	IT1	IE0	IT0

各控制位的含义：

（1）TF1：定时器/计数器 T1 溢出中断请求标志位（Timer Full）。

当启动 T1 计数后，T1 从初值开始加 1 计数，计数器最高位产生溢出时，由硬件使 TF1 置 1，并向 CPU 发出中断请求。当 CPU 响应中断时，硬件将自动对 TF1 清 0。

（2）TF0：定时器/计数器 T0 溢出中断请求标志位，含义与 TF1 类同。

（3）IE1：外部中断 1（P3.3）的中断请求标志（Interrupt Enable）。

当检测到外部中断引脚 1 上存在有效的中断请求信号时，由硬件使 IE1 置 1。

（4）IE0：外部中断 0（P3.2）的中断请求标志，其含义与 IE1 类同。

（5）IT1：外部中断 1 的中断触发方式控制位（Interrupt Trigger）。

IT1 =0 时，外部中断 1 程控为电平触发方式。CPU 在每一个机器周期 S5P2 期间采样外部中断请求引脚的输入电平。若外部中断 1 请求为低电平，则使 IE1 置 1；若为高电平，则使 IE1 清 0。

IT1 =1 时，外部中断 1 程控为边沿触发方式。CPU 在每一个机器周期 S5P2 期间采样外部中断请求引脚的输入电平。如果在相继的两个机器周期采样过程中，一个机器周期采样到外部中断 1 请求引脚为高电平，接着的下一个机器周期采样到低电平，则使 IE1 置 1。直到 CPU 响应该中断时，才由硬件使 IE1 清 0。

（6）IT0：外部中断 0 的中断触发方式控制位，其含义与 IT1 类同。

2. 串行口控制寄存器 SCON

SCON 为串行口控制寄存器，其低 2 位锁存串行口的接收中断和发送中断标志位 RI 和 TI。SCON 中 TI 和 RI 的格式如下所示：

	9FH	9EH	9DH	9CH	9BH	9AH	99H	98H
SCON（98H）							TI	RI

其控制位的含义如下：

（1）TI：串行口发送中断请求标志（Transmit Interrupt）。

CPU 将一个数据写入发送缓冲器 SBUF 时，就启动发送。每发送完一帧串行数据后，硬件置位 TI。但 CPU 响应中断时，并不清除 TI，必须在中断服务程序中由软件对 TI 清 0。

（2）RI：串行口接收中断请求标志（Receive Interrupt）。

在串行口允许接收时，每接收完一个串行帧，硬件置位 RI。同样，CPU 响应中断时不会清除 RI，必须在中断服务程序中由软件对 RI 清 0。

3. 中断允许寄存器 IE

中断允许寄存器 IE 的格式如下所示：

	AFH	AEH	ADH	ACH	ABH	AAH	A9H	A8H
IE（A8H）	EA		ET2	ES	ET1	EX1	ET0	EX0

中断允许寄存器 IE 中各位的含义如下：

（1）EA：中断允许总控制位（Enable　All　Interrupt）。

EA = 0，屏蔽所有的中断请求；EA = 1，CPU 开放中断。对各中断源的中断请求是否允许，还要取决于各中断源的中断允许控制位的状态。这就是所谓的两级控制。

（2）ET2：定时器/计数器 T2 的溢出中断允许位（Enable Timer）。

ET2 = 0，禁止 T2 中断；ET2 = 1，允许 T2 中断。

（3）ES：串行口中断允许位（Enable Serial）。

ES = 0，禁止串行口中断；ES = 1，允许串行口中断。

（4）ET1：定时器/计数器 T1 的溢出中断允许位。

ET1 = 0，禁止 T1 中断；ET1 = 1，允许 T1 中断。

（5）EX1：外部中断 1 的溢出中断允许位（Enable External）。

EX1 = 0，禁止外部中断 1 中断；EX1 = 1，允许外部中断 1 中断。

（6）ET0：定时器/计数器 T0 的溢出中断允许位。

ET0 = 0，禁止 T0 中断；ET0 = 1，允许 T0 中断。

（7）EX0：外部中断 0 的溢出中断允许位。

EX0 = 0，禁止外部中断 0 中断；EX0 = 1，允许外部中断 0 中断。

【例 6-1】假设允许 INT0、INT1、T0、T1 中断，试设置 IE 的值。

解：

（1）用 C 语言字节操作指令

　　IE = 0x8f；

（2）用 C 语言位操作指令

　　EX0 = 1；　　　　//允许外部中断 0 中断

　　ET0 = 1；　　　　//允许定时/计数器 0 中断

　　EX1 = 1；　　　　//允许外部中断 1 中断

　　ET1 = 1；　　　　//允许定时/计数器 1 中断

　　EA　= 1　　　　//开总中断控制

4. 中断优先级寄存器 IP

89C52 单片机有两个中断优先级。每个中断请求源均可编程为高优先级中断或低优先级中断。中断优先级寄存器 IP 格式如下所示：

BFH	BEH	BDH	BCH	BBH	BAH	B9H	B8H
			PT2	PS	PT1	PX1	PT0	PX0

IP（B8H）

中断优先级寄存器 IP 各控制位的含义如下：

（1）PS：串行口中断优先级控制位。

（2）PT1：定时器/计数器 T1 中断优先级控制位。

（3）PX1：外部中断 1 中断优先级控制位。

（4）PT0：定时器/计数器 T0 中断优先级控制位。

（5）PX0：外部中断 0 中断优先级控制位。

若某控制位为 1，则相应的中断源规定为高级中断；反之，为 0，则相应的中断源规定为低级中断。89C52 的中断系统有两个不可编程的"优先级有效"触发器。一个是"高优先级有效"触发器，用以指明已进入高级中断服务，并阻止其他一切中断请求；一个是

"低优先级有效"触发器，用以指明已进入低优先级中断服务，并阻止除高优先级以外的一切中断请求。

CPU 处理中断优先级的原则是：

1）CPU 同时接收到几个中断时，首先响应优先级别最高的中断请求。

2）正在进行的中断过程不能被新的同级或低优先级的中断请求所中断。

3）正在进行的低优先级中断服务，能被高优先级中断请求所中断。

它们的默认中断级别如表 6-1 所示。

表 6-1　52 单片机中断级别

中断源	默认中断级别	序号（C 语言用）	入口地址（汇编语言用）
INT0—外部中断 0	最高	0	0003H
T0—定时器/计数器 0	第 2	1	000BH
INT1—外部中断 1	第 3	2	0013H
T1—定时器/计数器 1	第 4	3	001BH
TI/RI—串行口中断	第 5	4	0023H
T2—定时器/计数器 2	第 6	5	002BH

【例 6-2】设定时器和串行口中断均为高优先级，两个外部中断为低优先级，试设置 IP 的值。

解：C 语言程序 IP = 0x3a；

6.2.3　中断响应及处理过程

在 MCS51 内部，系统要先对中断源进行采样，然后才进行响应。在每个机器周期的 S5P2 中顺序采样中断源。在下一个周期的 S6 按优先级顺序查询中断标志；如果中断标志为 1，在接下来的机器周期 S1 期间按优先级进行中断处理。

从中断请求发生直到被响应去执行中断服务程序，整个过程均在 CPU 的控制下有规律的进行。整个过程一般可以分为 3 个阶段：中断响应、中断处理、中断返回。

1. 中断响应的过程

从中断请求发生直到被响应，准备去执行中断服务程序，此过程即中断响应过程。中断响应过程一般包括如下几个阶段：

（1）中断采样。中断采样主要是针对外部中断请求信号进行的。由于内部中断请求都发生在芯片内部，可以直接查询特殊功能寄存器。在每个机器周期的 S5P2 期间，各中断标志采样相应的中断源，并置位相应标志。

（2）中断查询。查询到某中断标志为 1，则按优先级的高低进行处理，即响应中断。

89C52 的中断请求都汇集在 TCON、T2CON 和 SCON 三个特殊功能寄存器中。CPU 则在下一机器周期的 S6 期间按优先级的顺序查询各中断标志。

先查询高级中断，再查询低级中断。同级中断按内部中断优先级序列查询。如果查询到有中断标志位为"1"，则表明有中断请求发生，接着从相邻的下一个机器周期的 S1 状态开始进行中断响应。

由于中断请求是随机发生的，CPU 无法预先得知，因此中断查询要在指令执行的每个机器周期中不停地重复执行。

（3）中断响应。响应中断后，由硬件自动生成长调用指令"LCALL"，其格式为 LCALL addr16，而 addr16 就是各中断源的中断矢量地址。

响应中断过程一般有两部分构成：

首先将程序计数器 PC 的内容（即断点地址）压入堆栈。先低位地址，后高位地址，同时堆栈指针 SP 加 2。

其次将对应中断源的中断矢量地址装入程序计数器 PC，去执行中断服务程序。

注意：中断服务程序的放置。各中断矢量区仅 8 个字节。通常是在中断矢量区中安排一条无条件转移指令，使程序执行转向在其他地址中存放的中断服务程序。

中断响应是有条件的，包含以下方面：

1）中断源有中断请求。

2）中断总允许位 EA = 1。

3）发出中断请求的中断源的中断允许控制位为 1。

在满足以上条件的基础上，若有下列任何一种情况存在，硬件生成的长调用指令"LCALL"将被封锁。

1）CPU 正在执行一个同级或高优先级的中断服务程序。

2）正在执行的指令尚未执行完。

3）正在执行中断返回指令 RETI 或者对寄存器 IE、IP 进行读/写的指令。

CPU 在执行完上述指令之后，要再执行一条指令，才能响应中断请求。

2. 中断处理

当 CPU 响应中断时，将进行中断处理。首先，由硬件直接产生一个固定的地址，即矢量地址。由矢量地址指出每个中断源设备的中断服务程序的入口。此种方法通常称为矢量中断。其次，执行中断服务程序。当 CPU 识别出某个中断源时，由硬件直接给出一个与该中断源相对应的矢量地址，从而转入各自中断服务程序。中断矢量地址见表 6-1 入口地址。

中断服务程序即 CPU 响应中断后，处理中断源请求事件的程序。从中断入口地址开始执行，直到返回指令（RETI）为止。此过程一般包括三部分内容，一是保护现场，二是处理中断源的请求，三是恢复现场。

所谓现场是指中断发生时单片微机中存储单元、寄存器、特殊功能寄存器中的数据或标志位等，例如 A、B、Rn 等。

保护的方法可以有以下几种：

1）通过堆栈操作指令 PUSH direct。

2）通过工作寄存器区的切换。

3）通过单片机内部存储器单元暂存。

现场保护一般位于中断服务程序的前面。

在结束中断服务程序返回断点处之前要恢复现场。与保护现场的方法对应，多使用 POP 指令。

注意：保护和恢复遵循"从哪里来，回哪里去"的原则。

3. 中断返回

中断返回是指中断服务完成后，CPU 返回到原程序的断点，继续执行原来的程序。

中断返回通过执行中断返回指令 RETI 来实现。

RETI 指令的功能包括两个方面。首先将相应的优先级状态触发器置 0，以开放同级别中断源的中断请求；其次，从堆栈区把断点地址取出，送回到程序计数器 PC 中。因此，不能用 RET 指令代替 RETI 指令。

4. 中断初始化步骤

89C52 单片机中，共有 6 个中断源，中断的初始化主要是对 5 个特殊功能寄存器 TCON、T2CON、SCON、IE 和 IP 进行设置。

初始化包含以下 5 个方面：

1）中断服务程序入口地址的设定。

2）某一中断源中断请求的允许与禁止——设置 IE。

3）对于外部中断请求，还需进行触发方式的设定——设置 TCON。

4）各中断源优先级别的设定——设置 IP。

5）CPU 开中断与关中断——设置 IE 中 EA 位。

【例 6-3】外部中断 1 初始化，采用下降沿触发方式，且为高优先级。

解：IE = 0x84；

TCON | = 0x04；

IP | = 0x04；

6.3　定时器的结构和工作原理

89C52 单片机内部的定时器/计数器逻辑结构如图 6-2 所示。

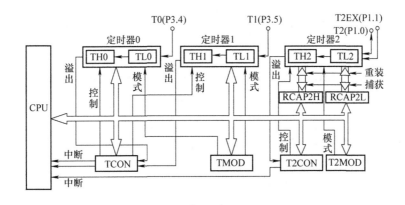

图 6-2　89C52 单片机内部的定时器/计数器逻辑结构

从图上可以看出，STC89C52 单片机的定时/计数器主要由 8 部分构成：

1）三个 16 位的可编程定时器/计数器：定时器/计数器 T0、T1 和 T2。

2）每个定时器均有两部分构成：THx 和 TLx。

3）特殊功能寄存器 T2MOD 和 T2CON 主要对 T2 进行控制。

4）特殊功能寄存器 TMOD 和 TCON 主要对 T0 和 T1 进行控制。

5）引脚 P3.5、P3.4、P1.0 输入计数脉冲。

6）定时器 T0、T1 和 T2 是 3 个中断源，可以向 CPU 发出中断请求。

7）定时器/计数器 T2 增加了两个 8 位的寄存器：RCAP2H 和 RCAP2L。

8）特殊功能寄存器之间通过内部总线和控制逻辑电路连接起来。

每个定时器都可由软件设置为定时工作方式或计数工作方式或其他灵活多样的可控功能方式。T0 和 T1 的这些功能由特殊功能寄存器 TMOD 和 TCON 所控制。

定时器工作不占用 CPU 时间，除非定时器/计数器溢出，才能中断 CPU 的当前操作。有 4 种工作模式，T1 有 3 种工作模式。其中模式 0 ~ 2 对 T0 和 T1 是一样的。

定时工作方式时，计数单片机片内振荡器输出经 12 分频后的脉冲，即每个机器周期使定时器（T0 或 T1）的数值加 1 直至计满溢出。当 89C52 采用 12MHz 晶振时，一个机器周期为 1μs，计数频率为 1MHz。

计数工作方式时，通过引脚 T0（P3.4）和 T1（P3.5）对外部脉冲信号计数。当输入脉冲信号产生由 1 至 0 的下降沿时定时器的值加 1。CPU 检测一个 1 至 0 的跳变最少需要两个机器周期，故最高计数频率为振荡频率的 1/24。为了确保某个电平在变化之前被采样一次，要求电平保持时间至少是一个完整的机器周期。

6.4　定时器的寄存器

6.4.1　T0、T1 的方式寄存器 TMOD

单片机复位后，TMOD = 00H，不可位寻址。其格式如下所示：

	D7	D6	D5	D4	D3	D2	D1	D0
TMOD (89H)	GATE	C/$\overline{\text{T}}$	M1	M0	GATE	C/$\overline{\text{T}}$	M1	M0

（1）GATE：门控位。

GATE = 1 时，由外部中断引脚 INT0、INT1 和 TR0、TR1 共同来启动定时器。

当 INT0 引脚为高电平时，TR0 置位，启动定时器 T0。

当 INT1 引脚为高电平时，TR1 置位，启动定时器 T1。

GATE = 0 时，仅由 TR0 和 TR1 置位来启动定时器 T0 和 T1。

（2）C/$\overline{\text{T}}$：定时或计数方式选择位。

C/$\overline{\text{T}}$ = 0 时，选择定时功能。

C/$\overline{\text{T}}$ = 1 时，选择计数方式。通过引脚 T0（P3.4）和 T1（P3.5）对外部信号进行计数。

在每个机器周期的 S5P2 期间，CPU 采样引脚的输入电平。若前一机器周期采样值为 1，下一机器周期采样值为 0，则计数器增 1，此后的机器周期 S3P1 期间，新的计数值装入计数器。

（3）M1、M0：工作模式选择位。

T0 有 4 种工作模式，T1 有 3 种工作模式。定时器工作模式通过 M1 和 M0 选择，选择情况如表 6-2 所示。其中，定时器/计数器 T1 不能工作在模式 3。设置 T1 的 M1M0 = 11，T1

将停止工作。

表 6-2　定时器/计数器的工作模式

M1	M0	工作模式	功能介绍
0	0	模式 0	13 位定时器/计数器
0	1	模式 1	16 位定时器/计数器
1	0	模式 2	8 位自动重置定时器/计数器
1	1	模式 3	定时器 0：TL0 可为 8 位定时器/计数器，TH0 为 8 位定时器 定时器 1：不工作

TMOD 各位定义及具体的意义如图 6-3 所示。

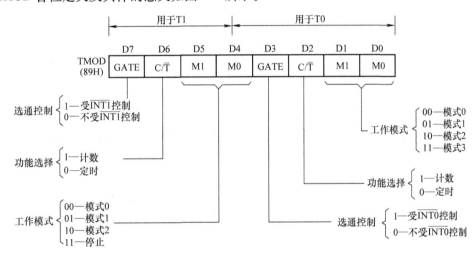

图 6-3　TMOD 各位定义及具体的意义

1）当 TMOD 中的 M1 = 0、M0 = 0 时，选定模式 0。模式 0 时的结构如图 6-4 所示。计数寄存器由 13 位组成。TH0 高 8 位和 TL0 的低 5 位构成。TL0 的高 3 位未用。

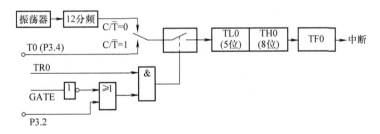

图 6-4　模式 0 的逻辑结构图

计数时，TL0 的低 5 位溢出后向 TH0 进位，TH0 溢出后将 TF0 置位，并向 CPU 申请中断。做定时器时，其定时时间的计算公式如下：

定时时间为：$t = (2^{13} - T0\ 初值) \times 振荡周期 \times 12$

最大定时时间为：$2^{13} \times 振荡周期 \times 12$

计数初值为：$T0\ 初值 = 2^{13} - t \times 振荡频率/12$

2）当 TMOD 中的 M1 = 0、M0 = 1 时，选择模式 1。模式 1 时的结构如图 6-5 所示。

计数寄存器由 16 位组成：TH0 的 8 位和 TL0 的 8 位构成。TH0 用于存放计数初值的高 8 位，TL0 用于存放计数初值的低 8 位。当 TL0 计数到最大值 0FFH 时，清 0 并使 TH0 加 1；当 TH0 到最大值 0FFH 时，再次加 1，溢出使 TF0 = 1，引起溢出中断。

定时时间为：$t = (2^{16} - \text{T0 初值}) \times$ 振荡周期 $\times 12$

T0 初值 $= 2^{16} - t \times$ 振荡频率/12

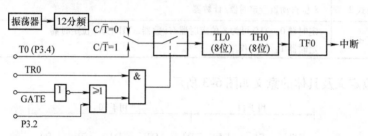

图 6-5　模式 1 的逻辑结构图

3）当 TMOD 中的 M1 = 1、M0 = 0 时，选定模式 2。模式 2 时的结构如图 6-6 所示。

TL0 作 8 位的定时器/计数器用，TH0 作 8 位的初值寄存器用，用于保存初值。当 TL0 计数到最大值 0FFH 时，再次加 1 使 TF0 置 1，引起定时器中断，同时 TH0 的初值送到寄存器 TL0 中。模式 2 时，定时/计数初值能够自动重装。

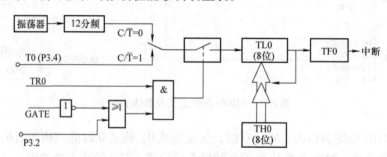

图 6-6　模式 2 的逻辑结构图

当工作在模式 2 时，在程序初始化时，TL0 和 TH0 由软件赋予相同的初值。

用于定时工作方式时，定时时间为：$t = (2^8 - \text{TH0 初值}) \times$ 振荡周期 $\times 12$

用于计数工作方式时，计数长度最大为：$2^8 = 256$（个外部脉冲）。

该模式可省去软件中重装常数的语句，并可产生相当精确的定时时间，适合于作串行口波特率发生器。

4）TMOD 中的 M1 = 1、M0 = 1 时，选定模式 3。

模式 3 的 T0：其中的 TL0 为一个独立的 8 位定时器/计数器，TH0 为另一个独立的 8 位定时器。T0 模式 3 下 T0、T1 逻辑结构如图 6-7 所示。

T0 中的 TL0：占用 T0 的所有控制位。例如 T0 的 GATE、运行控制位 TR0、脉冲输入引脚（P3.4）、计数溢出标志位 TF0 和中断矢量（地址为 000BH）等。

T0 中的 TH0：占用 T1 的控制位，包括运行控制位 TR1、计数溢出标志位 TF1 和中断矢量（地址为 001BH）等。

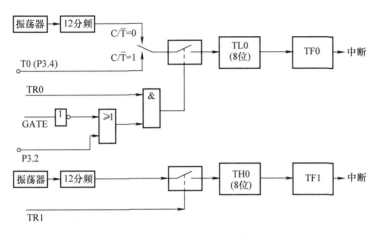

图 6-7　模式 3 的逻辑结构图

T0 方式 3 时的 T1：T1 可以选择方式 0、1 或 2。此时计数溢出标志位 TF1 及 T1 中断矢量（地址为 001BH）已被 TH0 所占用，所以 T1 仅能作为波特率发生器或其他不用中断的地方。

T1 串行口波特率发生器时，其计数溢出直接送至串行口。只需设置好工作方式，串行口波特率发生器自动开始运行。

如果要停止 T1，只需编程将 TMOD 中 T1 的 M1、M0 位设置为 1、1 即可。

6.4.2　T0、T1 的控制寄存器 TCON

此寄存器可以位寻址和字节寻址。其格式如下所示：

	D7	D6	D5	D4	D3	D2	D1	D0
TCON（88H）	TF1	TR1	TF0	TR0	IE1	IT1	IE0	IT0

（1）TR1（TCON.6）：T1 运行控制位（Timer Run）。可通过软件置 1（TR1 = 1）或清 0（TR1 = 0）来启动或关闭 T1。

（2）TR0（TCON.4）：T0 运行控制位。其功能和操作情况同 TR1。

GATE = 0 时，用软件使 TR1 置 1，启动定时器 1，若用软件使 TR1 清 0，则停止定时器 1。

GATE = 1 时，用软件使 TR1 置 1，如果检测到引脚 INT1（P3.3）输入高电平，则启动定时器 1。

6.5　定时器的应用

【例 6-4】设单片机的振荡频率为 12MHz，用定时器/计数器 0 的模式 1 编程，实现开发板上 LED 灯 L1 ~ L8 间隔 1s 闪烁，定时器 T0 采用中断的处理方式。LED 控制电路图如图 6-8 所示。

分析：定时器的设置一般有如下方面内容。

1）工作方式选择。当需要实现定时功能时，往往使用定时器/计数器的定时功能，定

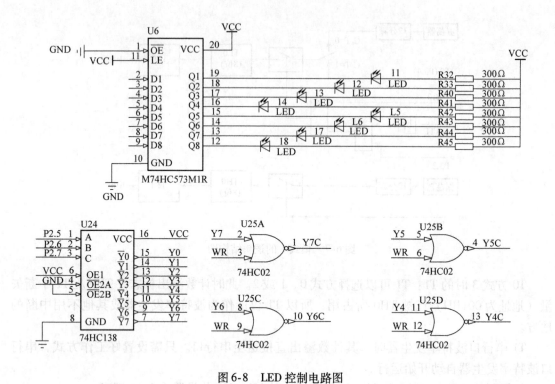

图 6-8　LED 控制电路图

时时间到了对输出端进行相应的处理即可。

2) 工作模式选择，根据定时时间长短选择工作模式。定时时间长短依次为模式 1 > 模式 0 > 模式 2。如果产生周期性信号，首选模式 2，不用重装初值。

3) 定时时间计算：要求间隔 1s 闪烁，则定时器的定时时间为 1s，每次 1s 时间到，LED 灯状态取反，就可以达到设计要求。

4) 定时初值计算：振荡频率为 12MHz，则机器周期为 $1\mu s$，设计数初值为 X，则

$(65536 - X) \times 1\mu s = 5ms, 5ms \times 200 = 1s$ 得 $X = 65536 - 5000$

定时器的初值为：$TH0 = 60536/256$，$TL0 = 60536\%256$

C 语言参考程序如下：

```
#include "reg52. h"
unsigned char ms;
//主函数
void main( void)
{
    TMOD | = 0x01;              //配置定时器工作模式
    TH0 = (65536 - 5000)/256;
    TL0 = (65536 - 5000)%256;
    EA = 1;
    ET0 = 1;                   //打开定时器中断
    TR0 = 1;                   //启动定时器
```

```
    P2  =  ((P2&0x1f)|0x80);
    P0  =  0x00;                    //LED 点亮
    P2  &  =  0x1f;
    while(1)
    {

        ;

    }
}
//定时器中断服务函数
void isr_timer_0(void)    interrupt 1      //默认中断优先级 1
{
    TH0  =  (65536 – 5000)/256;
    TL0  =  (65536 – 5000)%256;      //定时器初值重载
    if(++ms == 200)
    {
        ms  =  0;
        P2  =  ((P2&0x1f)|0x80);
        P0  =  ~P0;                  //LED 状态翻转
        P2  &  =  0x1f;
    }
}
```

【例 6-5】数字秒表的设计。

要求 0～59s 不断运行的秒表，到 1s 时，数码管的秒数加 1，加到 59，再过 1s，又回到 0，从 0 开始加。

为了实现这样的功能，程序中要有这样几个部分：

1）秒信号的产生，利用定时器来做，但直接用定时器产生 1s 的信号是行不通的，因为定时器没有那么长的定时时间，所以要稍加变化。

2）计数器，用一个变量来作为计数器，每 1s 时间到，该变量加 1，加到 60 就回到 0。

3）把计数器的值转化成十进制并显示出来，由于这里的计数最大值是 59，也就是一个两位数，所以只要把这个数值除以 10，得到商和余数就分别是十位和个位了。如：计数值 37 在内存中以十六进制数 25H 表示，该数除以 10，商就是 3，而余数就是 7，分别把这两个值送到显示缓冲区的高位和低位，然后调用显示程序，就会在数码管上显示 37。

此外，在编程时还要考虑首位"0"消隐的问题，即十位上如果是 0，那么应该不显示，在进行了十进制转化后，对首位进行判断，如果是"0"，就送一个消隐码到显示缓冲区首位；否则这个值直接送往显示缓冲区首位。

参考程序如下：

```
#include "reg52. h"              //定义 51 单片机特殊功能寄存器
#include "absacc. h"
```

```c
                            // 0   1   2   3   4   5   6   7   8   9灭
    code unsigned char tab[] = { 0xc0,0xf9,0xa4,0xb0,0x99,0x92,0x82,0xf8,0x80,0x90,
0xff};
    unsigned char dspbuf[8] = {10,10,10,10,10,10,10,10};        //显示缓冲区
    unsigned char dspcom = 6;
    unsigned int counter,ms;
    void display(void);
    //主函数
    void main(void)
    {
        TMOD |= 0x01;                    //配置定时器工作模式
        TH0 = (65536 - 5000)/256;        //50ms 定时初值
        TL0 = (65536 - 5000)%256;
        EA = 1;
        ET0 = 1;                         //打开定时器中断
        TR0 = 1;                         //启动定时器
        while(1)
        {
            display();                   //调用显示函数
        }
    }

    //定时器中断服务函数
    void isr_timer_0(void)   interrupt 1   //默认中断优先级 1
    {
        TH0 = (65536 - 5000)/256;
        TL0 = (65536 - 5000)%256;        //定时器重载初值
        if( ++ms == 200)                 //实现1s 定时
        {
            ms = 0;
            counter ++;
        }
        if (counter == 60)               // 60s 到,时间归零
        {
            counter = 0;
        }
        if(counter >= 10)
        {
            dspbuf[6] = counter/10;      //显示秒十位数
        }
        else{
```

```
            dspbuf[6] = 10;              //不大于10s时,十位数不亮
        }
            dspbuf[7] = counter%10;   //显示秒个位数
}
//显示函数
void display(void)
{
    P0 = 0XFF;
    P2 = P2&0X1F|0XE0;
    P2 = P2&0X1F;

    P0 = 1 < <dspcom;
    P2 = P2&0X1F|0Xc0;
    P2 = P2&0X1F;

    P0 = tab[dspbuf[dspcom]];
    P2 = P2&0X1F|0XE0;
    P2 = P2&0X1F;

    if( + +dspcom = =8)
    {
        dspcom =0;
    }
}
```

本章小结

1. 89C52 单片机共有 6 个中断源, 外部中断 (INT0、INT1), 定时器中断 (T0、T1、T2), 串行口中断 TI/RI。

2. 单片机中断系统的操作是通过控制寄存器实现的, 共设置了 4 个控制寄存器, 即定时控制寄存器 TCON、串口控制寄存器 SCON、中断优先级控制寄存器 IP 以及中断允许寄存器 IE。

3. 中断处理过程大致可分为 4 个步骤: 中断请求、中断响应、中断服务和中断返回。

4. 中断源发出中断请求, 相应中断请求标志位置 "1"。CPU 响应中断后, 必须清除中断请求 "1" 标志。否则中断响应返回后, 将再次进入该中断, 引起死循环出错。

(1) 对定时器/计数器 T0、T1 中断, 外中断边沿触发方式, CPU 响应中断时就用硬件自动清除了相应的中断请求标志位。

(2) 对外部中断电平触发方式, CPU 在响应中断时也不会自动清除中断标志, 因此在

CPU 响应中断后，应立即撤出 INT0 与 INT1 的低电平信号。

（3）对串行口中断，用户应在串行中断服务程序中用软件清除 TI 或 RI。

5. 定时和计数实质都是对脉冲的计数。只是被计数脉冲的来源不同，定时方式的计数初值和被计脉冲的周期有关，而计数方式的计数初值只和被计脉冲的个数有关（计由高到低的边沿数），无论计数还是定时，当计满规定的脉冲个数，即计数值回零时，会自动置位 TF 位，可以通过查询方式监视，查询后要注意清 TF，在允许中断的情况下，定时器/计数器自动进入中断，中断后会自动清 TF。

6. 定时器/计数器的控制通过定时器方式控制寄存器 TMOD 与定时器控制寄存器 TCON 进行控制。方式 0 是 13 位计数器，方式 1 是 16 位计数器，方式 2 是具有自动重装初值的 8 位计数器，方式 3 是把定时器 0 分成两个 8 位计数器，此时定时器 1 停止计数。

7. 计数初值 C 的求法如下。

计数方式：计数初值 C = 计数的最大值 − X（其中 X 为要计的脉冲个数）

定时方式：计数初值 C = 计数的最大值 − t/机器周期（其中 t 为定时时间）

实训项目

数码管万年历的设计。要求：

（1）能够显示实时时间，并随时修改时间误差；

（2）能够显示当时日期，并可修正日期；

（3）可作为闹钟使用，根据设定的时间提醒人们起床、休息等，闹钟时间可以任意设定。掉电后再上电，数据自动更新且与当前时间相同。

第7章 频率计——定时器进阶

教学目标
1. 掌握 555 定时器的工作原理及方波频率的测量方法。
2. 进一步巩固定时/计数器的使用。
3. 掌握设计频率计的一般方法。

重点内容
1. 频率计的工作原理。
2. 定时/计数器实现频率测量的编程。

7.1 NE555

在日常生活中，很多的电子产品都需要脉冲，比如报警器、电子开关、电子玩具、电子钟表以及电子医疗设备等。这样就产生了众多的脉冲发生器，其中 555 定时器就是最常见、使用最广泛的一种。

555 定时器，又叫 555 多谐振荡器、555 脉冲发生器、555 时基电路，是电子工程领域中广泛使用的中规模集成电路，是将模拟电路和数字电路巧妙结合在一起的电子器件，具有结构简单、定时精度高、驱动能力强等优点，配以外部元器件，可以构成多种应用电路，广泛应用于脉冲振荡器、检测电路、自动控制电路甚至通信领域。可以这样说，对 555 芯片能够驾驭的炉火纯青，那么就可以省下好多芯片的钱了。

本教材所配套的开发板使用的 NE555 是属于 555 系列的计时 IC 的其中一种型号，采用 SOP 封装方式。引脚符号图如图 7-1a 所示，图 7-1b 为其实物参考图。

a) 引脚符号图　　b) 实物参考图
图 7-1　NE555

各引脚功能描述如下：

1）Pin1（接地），地线（或共同接地），通常被连接到电路共同接地。

2）Pin2（触发点），这个脚位是触发 NE555，使其启动它的时间周期。触发信号上缘电压须大于 2VCC/3，下缘电压须低于 VCC/3。

3）Pin3（输出），输出的电平状态受到触发器的控制，而触发器受上比较器 6 和下比较器 2 的控制（见图 7-2）。周期结束，输出回到 0V 左右的低电位。高电位时的最大输出电流大约为 200mA。

4）Pin4（重置），一个低逻辑电位送至这个脚位时会重置定时器，并使输出回到一个低电位。它通常被接到正电源或忽略不用。

5）Pin5（控制），这个引脚准许由外部电压改变触发和限定电压。当计时器在稳定或振荡的运作方式下，此输入能用来改变或调整输出频率。

6）Pin6（重置锁定），使输出呈低态。当这个引脚的电压从 VCC/3 电压以下移至 2VCC/3 以上时启动这个动作。

7）Pin7（放电），这个引脚和主要的输出引脚有相同的电流输出能力，当 Pin3 为低电平时，Pin7 对地为低阻态（对地导通），当 Pin3 为高电平时，Pin7 对地为高阻态。

8）Pin8（V＋），这是 555 计时器 IC 的正电源电压端。供应电压的范围宽，可以在 +4.5（最小值）～ +16V（最大值）内正常工作，输出的驱动电流为 200mA，它的内部结构图如图 7-2 所示。

555 定时器包括以下部分：三个 5kΩ 的电阻分压器，两个电压比较器，一个基本的 RS 触发器，一个缓冲器，一个放电晶闸管等。

555 定时器的功能主要由两个比较器决定。两个比较器的输出电压控制 RS 触发器和放电管的状态，在电源与地之间加上电压，当 5 脚悬空时，则电压比较器 A1 的同相输入端电压为 2VCC/3，A2 的反相输入端电压为 VCC/3，若触发输入端 TRIG 的电压小于 VCC/3，则比较器 A2 输出为 0，可使 RS 触发器置 1，使输出为 1。如果阀值输入端 THRES 的电压大于 2VCC/3，同时 TR 端的电压大于 VCC/3，则 A1 的输出为 0，可将 RS 触发器置 0，使输出为 0。

555 定时器常用外围电路图如图 7-3 所示。

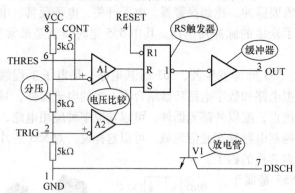

图 7-2　555 内部结构图

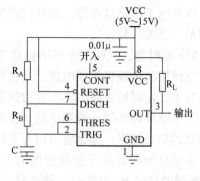

图 7-3　555 定时器非稳态外围电路图

根据分析可知：

上升沿 $T1 = 0.693 * (R_A + R_B) * C$

下降沿 $T2 = 0.693 * (R_B) * C$

周期 $T = 0.693 * (R_A + 2R_B) * C$

频率 $F = 1/T = 1.44/((R_A + 2R_B) * C)$

占空比 $D = (T1/(T1 + T2)) * 100\%$

图 7-4 为非稳态方波输出。

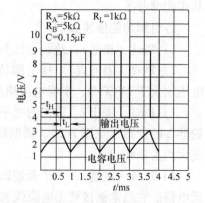

图 7-4　非稳态方波波形

7.2　方波频率的测量

测量一个方波信号的频率有两种方法：第一种是计时

法，测量被测信号的相邻两个上升沿的持续时间，然后转换成被测信号的频率。如图 7-5 所示的方波信号。

当脉冲的上升沿来临时（t1），将定时器打开；紧接着的下降沿来临时（t2），读取定时器的值，假设定时时间为 time1；下一个上升沿来临时（t2）关闭定时器，此时读取定时器的值，假设定时时间为 time2。time1 即为 1 个周期内高电平的时间，time2 即为脉冲的周期。time1/time2 即为占空比，1/time2 即为频率。

第二种是计数法，计算在基准信号高电平期间通过的被测信号个数。如 1s 内，计算被测信号的下降沿的个数，即为方波的频率。如图 7-6 所示。

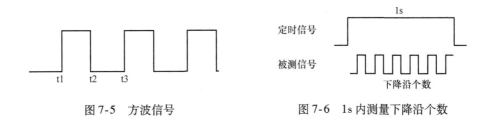

图 7-5 方波信号   图 7-6 1s 内测量下降沿个数

7.3 定时器计数模式

前一章中提到，当 TMOD 的 $C/\overline{T}=1$ 时，定时器选择计数功能。使用计数模式时，计数脉冲来源于外部引脚，一般先将 TH、TL 中初值清零，待计数结束后，读取 TH、TL 中的计数值，并存储在其他寄存器中，此值即是所需要的计数值。

7.4 频率计实现

【例 7-1】设计一数字频率计，用于实时显示 555 定时器输出信号的频率值。

分析：基于教材配套开发板电路，应将 555 定时器输出引脚 3（signal），通过杜邦线连接到单片机的 P3.5（T1）引脚，即使 T1 作为计数器使用，同时使用定时/计数器 0 作定时器用，定时 1s；单片机将在 1s 内对脉冲计数并送数码管显示，并能够通过调节 555 定时器的外接电阻 Rb3，改变显示频率。电路如图 7-7 所示。

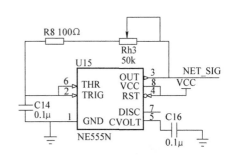

图 7-7 555 定时器方波输出电路

参考程序如下：

```
/*************************************
 * 文件名称:数字频率计设计
 ************************************/
```

```c
#include "reg52.h"              //定义51单片机特殊功能寄存器
#include "absacc.h"
#include "intrins.h"
unsigned char ms;
unsigned int fre;//频率值
                            //  0    1    2    3    4    5    6    7    8    9
code unsigned char tab[] = { 0xc0,0xf9,0xa4,0xb0,0x99,0x92,0x82,0xf8,0x80,0x90};
unsigned char dspbuf[8] = {10,10,10,10,10,10,10,10};      //显示缓冲区
unsigned char dspcom = 4;
void display(void);
void disp_data();
//主函数
void main(void)
{
    TMOD = 0x51;               //配置T0作定时功能,方式1工作模式;T1作计
                               //数功能,方式1工作模式
    TH0 = (65536 - 5000)/256;  //T0初值,5ms
    TL0 = (65536 - 5000)%256;
    TH1 = 0;                   //T1计数初值,0
    TL1 = 0;
    EA = 1;
    ET0 = 1;                   //打开定时器T0中断
    TR0 = 1;                   //启动定时器T0
    TR1 = 1;                   //启动计数器T1
    while(1)
    {
        disp_data();
        display();             //显示
    }
}
//定时器中断服务函数
void isr_timer_0(void)  interrupt 1    //默认中断优先级1
{
    TH0 = (65536 - 5000)/256;
    TL0 = (65536 - 5000)%256;  //定时器重载
    if( + +ms = = 200)
    {
     ms = 0;
```

```
        TR1 = 0;
        fre = TH1;
        fre = fre < < 8;
        fre = fre + TL1;              //以上三句也可以改成 fre = TH1 * 256 + TL1
        TH1  = 0;                     //T1 计数初值, 0
        TL1  = 0;
        TR1 = 1;
        }
}
```

```
                                    //计算频率显示数据
void disp_data( )
{
    if( fre > = 1000 )
    {
        dspbuf[4] = fre/1000;
    }
    else{
        dspbuf[4] = 10;
    }
    if( fre > = 100 )
    {
        dspbuf[5] = fre%1000/100;
    }
    else{
        dspbuf[5] = 10;
    }
    if( fre > = 10 )
    {
        dspbuf[6] = fre%100/10;
    }
    else{
        dspbuf[6] = 10;
    }
        dspbuf[7] = fre%10;
}
                                    //显示函数
void display( void )
```

```
{
    P0 = 0XFF;
    P2 = P2&0X1F|0XE0;
    P2 = P2&0X1F;

    P0 = 1 < < dspcom;
    P2 = P2&0X1F|0Xc0;
    P2 = P2&0X1F;

    P0 = tab[ dspbuf[ dspcom] ];
    P2 = P2&0X1F|0XE0;
    P2 = P2&0X1F;

    if( + + dspcom = = 8)
    {

        dspcom = 0;
    }
}
```

实验结果如图 7-8 所示，切记右下角的 SIGNAL 与 P35 短接。

图 7-8　频率计实验结果图

本章小结

1. 555 定时器的工作原理，以及其输出频率的计算方法。
2. 定时/计数器的方式选择和编程方法。
3. 频率测量的方法。

实训项目

设计一个频率计，能够测量 10Hz ~ 2MHz 的频率，而且可以实现量程自动切换功能，四位共阳数码管动态显示测量结果，可以测量正弦波、三角波以及方波等各种波形的频率值。

第8章 简易加法计算器——矩阵按键与函数进阶

教学目标
1. 通过本章的学习，使学生理解矩阵按键扫描原理及消抖原理。
2. 掌握 C51 函数调用的程序设计方法，理解形参与实参的意义。
3. 掌握基于 51 单片机的矩阵键盘的设计与应用。

重点内容
1. 按键识别方法及单片机按键扫描程序的编写。
2. C51 函数调用的程序设计方法。

8.1 函数的调用

在一个程序的编写过程中，随着代码量的增加，如果把所有的语句都写到 main 函数中，一方面程序会显得比较乱，另一方面，当同一个功能需要在不同地方执行时，我们就要再重复写一遍相同的语句。此时，如果把一些零碎的功能单独写成一个函数，在需要它们时只需进行一些简单的函数调用，这样既有助于程序结构的条理清晰，又可以避免大块的代码重复。

在实际工程项目中，一个程序通常都是由很多个子程序模块组成的，一个模块实现一个特定的功能，在 C 语言中，这个模块就用函数来表示。一个 C 程序一般由一个主函数和若干个其他函数构成。主函数可以调用其他函数，其他函数也可以相互调用，但其他函数不能调用主函数。在单片机程序中，还有中断服务函数，是当相应的中断到来后自动调用的，不需要也不能由其他函数来调用。

函数调用的一般形式是：

函数名（实参列表）

函数名就是需要调用的函数的名称，实参列表就是根据实际需求调用函数要传递给被调用函数的参数列表，不需要传递参数时只保留括号就可以了，传递多个参数时参数之间要用逗号隔开。

函数调用使程序结构更加清晰。0~99999999 秒表计数中把计数和数码管动态扫描功能都用单独的函数来实现，程序如下：

```
#include "reg52. h"
#include "absacc. h"
unsigned char code tab[ ] = { 0xc0,0xf9,0xa4,0xb0,0x99,0x92,0x82,0xf8,0x80,0x90};
                        // 0   1   2   3   4   5   6   7   8   9
unsigned char dspbuf[8] = {10, 10, 10, 10, 10, 10, 10, 10};
unsigned char dspcom = 0;
```

```
void SecondCount( );
void display( void );
void main( )
{
    TMOD = 0x01;
    TH0 = 0xFC;
    TL0 = 0x66;
    TR0 = 1;
    while (1)
    {
        if (TF0 == 1)
        {
            TF0 = 0;
            TH0 = 0xFC;
            TL0 = 0x66;
            SecondCount( );
            display( );
        }
    }
}
void SecondCount( )          //秒计时函数
{
    static unsigned int   cnt = 0;
    static unsigned long sec = 0;
    cnt ++;
    if (cnt >= 1000)
    {
        cnt = 0;
        if( ++sec >= 100000000) sec = 0;
        dspbuf[0] = sec/10000000;
        dspbuf[1] = sec/1000000%10;
        dspbuf[2] = sec/100000%10;
        dspbuf[3] = sec/10000%10;
        dspbuf[4] = sec/1000%10;
        dspbuf[5] = sec/100%10;
        dspbuf[6] = sec/10%10;
        dspbuf[7] = sec%10;
    }
}
```

```
//显示函数
void display(void)
{
    P0 = 0XFF;
    P2 = P2&0X1F|0XE0;
    P2 = P2&0X1F;

    P0 = 1 < <dspcom;
    P2 = P2&0X1F|0Xc0;
    P2 = P2&0X1F;

    P0 = tab[dspbuf[dspcom]];
    P2 = P2&0X1F|0XE0;
    P2 = P2&0X1F;

    if( + +dspcom = =8)
    {
        dspcom =0;
    }
}
```

此时，主函数的结构就清晰得多了——每隔 1ms 就去干两件事，而这两件事交由各自的函数去实现。需要注意的是：程序中的 cnt、sec 这两个变量在放到单独的函数中后，都加了 static 关键字而变成了静态变量。因为原来的 main（）永远不会结束，所以它们的值也总是得到保持的，但现在它们在各自的功能函数内，若不加 static 修饰，那么每次函数被调用时它们的值就都成了初值了。注意事项如下：

（1）函数调用的时候，不需要加函数类型。我们在主函数内调用 SecondCount（）和 display（）时都没有加 void。

（2）调用函数与被调用函数的位置关系，C 语言规定：函数在被调用之前，必须先被定义或声明。意思就是说：在一个文件中，一个函数应该先定义，然后才能被调用，也就是主调函数应位于被调用函数的下方。但是作为一种通常的编程规范，我们推荐 main 函数写在最前面（因为它起到提纲挈领的作用），其后再定义各个功能函数，而中断函数则写在文件的最后。那么主函数要调用定义在它之后的函数怎么办呢？我们就在文件开头，所有函数定义之前，开辟一块区域，叫做函数声明区，用来把被调用的函数声明一下，如此，该函数就可以被随意调用了。如上述例程所示。

（3）函数声明的时候必须加函数类型，函数的形式参数，最后加上一个分号表示结束。函数声明行与函数定义行的唯一区别就是最后的分号，其他的都必须保持一致。这点尤其注意，初学者很容易因粗心大意而搞错分号或是修改了定义行中的形参却忘了修改声明行中的形参，导致程序编译通不过。

8.2 形参与实参

上一个例程中在进行函数调用的时候，不需要任何参数传递，所以函数定义和调用时括号内都是空的，但是更多的时候需要在主调函数和被调用函数之间传递参数。在调用一个有参数的函数时，函数名后边括号中的参数叫做实际参数，简称实参。而被调用的函数在进行定义时，括号里的参数叫做形式参数，简称形参。我们用个简单程序例子做说明。

```
unsigned char add(unsigned char x, unsigned char y);//函数声明
void main()
{
    unsigned char a = 1;
    unsigned char b = 2;
    unsigned char c = 0;
    c = add(a, b);           //调用时，a 和 b 就是实参，把函数的返回值赋给 c
                             //执行完后，c 的值就是 3
    while(1);
}
unsigned char add(unsigned char x, unsigned char y) //函数定义
{                            //这里括号中的 x 和 y 就是形参
    unsigned char z = 0;
    z = x + y;
    return z;                //返回值 z 的类型就是函数 add 的类型
}
```

这个演示程序虽然很简单，但是函数调用的全部内容都囊括在内了。主调函数 main 和被调用函数 add 之间的数据通过形参和实参发生了传递关系，而函数运算完后把值传递给了变量 c，函数只要不是 void 类型，就都会有返回值，返回值类型就是函数的类型。关于形参和实参，还有以下几点需要注意：

（1）函数定义中指定的形参，在未发生函数调用时不占内存，只有函数调用时，函数 add 中的形参才被分配内存单元。在调用结束后，形参所占的内存单元也被释放，这个前边讲过了，形参是局部变量。

（2）实参可以是常量，也可以是简单或者复杂的表达式，但是要求他们必须有确定的值，在调用发生时将实参的值传递给形参。如上边这个程序也可以写成：c = add(1, a + b);

（3）形参必须要指定数据类型，和定义变量一样，因为它本来就是局部变量。

（4）实参和形参的数据类型应该相同或者赋值兼容。和变量赋值一样，当形参和实参出现不同类型时，则按照不同类型数值的赋值规则进行转换。

（5）主调函数在调用函数之前，应对被调函数做原型声明。

（6）实参向形参的数据传递是单向传递，不能由形参再回传给实参。也就是说，实参值传递给形参后，调用结束，形参单元被释放，而实参单元仍保留并且维持原值。

8.3　矩阵按键扫描

在某一个系统设计中，如果需要使用很多的按键时，做成独立按键会大量占用I/O口，因此引入了矩阵按键的设计。图8-1所示是开发板上的矩阵按键电路原理图，使用8个I/O口来实现16个按键。

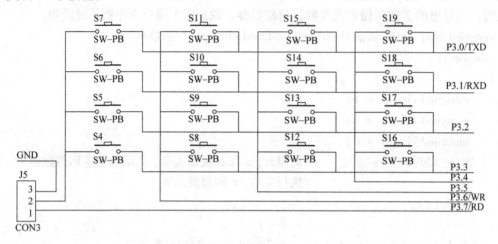

图8-1　矩阵按键原理图

8.3.1　按键消抖

通常按键所用的开关都是机械弹性开关，当机械触点断开、闭合时，由于机械触点的弹性作用，一个按键开关在闭合时不会马上就稳定地接通，在断开时也不会一下子彻底断开，而是在闭合和断开的瞬间伴随了一连串的抖动，如图8-2所示。

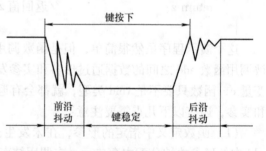

图8-2　按键抖动状态图

按键稳定闭合时间长短是由操作人员决定的，通常都会在100ms以上，刻意快速按的话能达到40~50ms，很难再低了。抖动时间是由按键的机械特性决定的，一般都会在10ms以内，为了确保程序对按键的一次闭合或者一次断开只响应一次，必须进行按键的消抖处理。当检测到按键状态变化时，不是立即去响应动作，而是先等待闭合或断开稳定后再进行处理。按键消抖可分为硬件消抖和软件消抖。

硬件消抖就是在按键上并联一个电容，利用电容的充放电特性来对抖动过程中产生的电压毛刺进行平滑处理，从而实现消抖。但实际应用中，这种方式的效果往往不是很好，而且还增加了成本，加大了电路复杂度，所以实际中使用的并不多。

在绝大多数情况下，是用软件即程序来实现消抖的。最简单的消抖原理，就是当检测到按键状态变化后，先等待一个10ms左右的延时时间，让抖动消失后再进行一次按键状态检测，如果与刚才检测到的状态相同，就可以确认按键已经稳定的动作了。

8.3.2　矩阵按键的识别与编码

（1）判断按键中有无按键被按下。将全部行线置低电平，然后检测列线的状态。只要列线不全是高电平，则表明键盘中有键被按下，而且闭合的键位于低电平线与四根行线相交叉的 4 个按键之中。若所有列线均为高电平。则键盘中无键按下。

（2）判断闭合键所在的位置。若确认有键被按下之后，即可进入确定具体闭合键的过程。最常见的是行扫描法和线反转法。

1）行扫描法。依次将行线置为低电平，即在置某根行线为低电平时，其他行线为高电平。在确定某根行线位置为低电平后，再逐行检测各列线的电平状态。若某列线为低，则该列线与置为低电平的行线交叉处的按键就是闭合的按键，根据闭合键的行值和列值得到按键的键码。

2）线反转法。行线全扫描，读取列线值；列线全扫描，读取行线值；将行、列码组合在一起，得到按键的键码。

（3）根据闭合键的键码，采用查表法得到键值。

矩阵式键盘有以下几种扫描工作方式：

（1）程序扫描方式。也称查询方式，其特点是：利用单片机空闲时，调用键盘扫描子程序，反复扫描键盘。如果单片机的查询频率过高，虽能及时响应键盘的输入，但也会影响其他任务的进行。查询的频率过低，可能会产生键盘输入漏判。

（2）定时控制扫描方式。每隔一定的时间对键盘扫描一次。通常利用单片机内的定时器，定时对键盘进行扫描，在有键按下时识别出键，并执行相应键的处理程序。为了不漏判有效的按键，定时的周期一般应小于 100ms。

（3）中断控制方式。键盘只有在按键按下时，发出中断请求信号，单片机响应中断，执行键盘扫描程序中断服务子程序。若无键按下，单片机将不理睬键盘。这种方式的优点是只有按键按下时，才进行处理，所以其实用性强，工作效率高。

掌握了一种输入设备的使用，便可以进行综合性实验了。可通过设计一个 4×4 矩阵键盘，当检测到 S7、S11 被按下时，分别进行处理。

```
#include "reg52. h"
bit key_re;
unsigned char key_press;
unsigned char key_value;
bit key_flag;
unsigned char intr;
unsigned char read_keyboard(void);
void key_proc(unsigned char key);
void main(void)
{
    unsigned char key_temp = 0xff;
```

```
    TMOD | = 0x01;
    TH0 = (65536 - 2000)/256;
    TL0 = (65536 - 2000)%256;
    EA = 1;
    ET0 = 1;
    TR0 = 1;
    while(1)
    {
        if(key_flag)
        {
            key_flag = 0;
            key_temp = read_keyboard();
        }
        key_proc(key_temp);
        key_temp = 0xff;                    //清除旧键值
    }
}
```

//定时器中断函数
```
void isr_timer_0(void)    interrupt 1        //默认中断优先级 1
{
    TH0 = (65536 - 2000)/256;
    TL0 = (65536 - 2000)%256;               //定时器重装
    if( + +intr = = 10)                     //2ms 执行一次
    {
        intr = 0;
        key_flag = 1;                       //20ms 扫描标志位置 1
    }
}
```

//读取矩阵键盘键值
```
unsigned char read_keyboard(void)
{
    unsigned char key_temp;
    static unsigned char col;
    P3 = 0xf0;
    key_temp = (P3&0xf0);
    if(key_temp ! = 0xf0)                   //有按键按下
        key_press + + ;
    else
        key_press = 0;                      //抖动
```

```
if( key_press = = 3 )
{
    key_press = 0;
    key_re = 1;
    switch( key_temp )
    {
        case 0x70:
            col = 1;                 //第一列按键按下
            break;
        case 0xb0:
            col = 2;                 //第二列按键按下
            break;
        case 0xd0:
            col = 3;                 //第三列按键按下
            break;
        case 0xe0:
            col = 4;                 //第四列按键按下
            break;
    }
    P3 = 0x0f;
    key_temp = ( P3&0x0f );
    switch( key_temp )
    {
        case 0x0e:
            key_value = ( col - 1 );     //第一行按键按下
            break;
        case 0x0d:
            key_value = ( 3 + col );     //第二行按键按下
            break;
        case 0x0b:
            key_value = ( 7 + col );     //第三行按键按下
            break;
        case 0x07:
            key_value = ( 11 + col );    //第四行按键按下
            break;
    }
}
//连续三次检测到按键被按下,并且该按键被释放
P3 = 0x0f;
```

```
    key_temp = （P3&0x0f）;
    if（（key_re = = 1）&& （key_temp = = 0x0f））
    {
        key_re = 0;
        return key_value;
    }
    return 0xff;                          //无按键或者按下的按键未被释放
    }
//按键处理函数,S7、S11
void key_proc（unsigned char key）
{
    switch（key）
    {
        case 0：
            P2 = （（P2&0x1f）|0x80）;
            P0 + +;
            P2 & = 0x1f;
            break;
        case 1：
            P2 = （（P2&0x1f）|0x80）;
            P0 - -;
            P2 & = 0x1f;
            break;
    }
}
```

8.4　简易加法计算器的实现

掌握了一种显示设备和一种输入设备的使用，便可以进行综合性实验了。可通过输入输出设备设计一个简易的加法计算器，按键功能如图 8-3 所示，标有 0 ~ 9 数字的按键输入相应数字，该数字要实时显示到数码管上，按下相应的运算符后，再输入一串数字，然后按 " = " 计算结果，同时显示到数码管上。"AC" 表示清零。

首先，本程序相对于之前的例程要复杂得多，需要完成的工作也较多，因此可以把各个子功能都做成独立的函数，以使程序便于编写和维护。在分析程序的时候就从主函数和中断函数入手，随着程序的流程进行就可以了。

其次，可以发现程序在把矩阵按键扫描分离出以后，

1	2	3	+
4	5	6	-
7	8	9	*
0	AC	=	/

图 8-3　按键功能

并没有直接使用行列数所组成的数值作为分支判断执行动作的依据，而是把抽象的行列数转换为了一种叫做标准键盘键码（即电脑键盘的编码）的数据，然后用得到的这个数据作为下一步分支判断执行动作的依据，这样做有两层含义：

第 1，尽量让设计的内容（包括硬件和软件）向已有的行业规范或标准看齐，这样有助于别人理解认可该设计，也有助于本设计与别人的设计相对接。

第 2，有助于程序的层次化并方便维护与移植，比如现在用的按键是 4×4 的，但如果后续又增加了一行成了 4×5 的，那么由行列数组成的编号可能就变了，就要在程序的各个分支中查找修改，易出错，而采用这种转换后，则只需要维护 KEY_ TABLE 这个数组表格即可。

```c
#include "reg52. h"                    //定义 51 单片机特殊功能寄存器
#include "absacc. h"
unsigned char code table[ ] = {
0x77,0x7e,0xbe,0xde,0x7d,0xbd,0xdd,0x7b,
0xbb,0xdb,0xee,0xed,0xeb,0xe7,0xd7,0xb7};
//0~9 + - */ = AC 键盘编码
code unsigned char tab[ ] = {
0xc0,0xf9,0xa4,0xb0,0x99,0x92,0x82,0xf8,0x80,0x90,0xFF};
unsigned char dspbuf[8] = {10,10,10,10,10,10,10,0};  //显示缓冲区
unsigned char dspcom = 0;

bit key_re;
unsigned char key_press;
unsigned char key_value;

bit key_flag = 0;
unsigned char intr = 0;

unsigned char read_keyboard(void);
void key_proc(unsigned char key_code);
void ShowNumber(unsigned long num);

void display();
void cls_beep();
void cls_led();

//主函数
void main(void)
{
    unsigned char key_temp = 0xff;
```

```
    TMOD = 0x01;
    TL0  = 0x66;                        //定时1ms初值
    TH0  = 0xFC;
    TF0  = 0;
    TR0  = 1;
    ET0  = 1;
    EA   = 1;
    cls_beep();
    cls_led();
  while(1)
    {
      if(key_flag)
      {
          key_flag = 0;
            key_temp = read_keyboard();
            key_proc(key_temp);
      }
    }
}


//定时器中断服务函数
void isr_timer_0(void) interrupt 1        //T0 中断服务函数
{
    TL0  = 0x66;                        //定时1ms初值
    TH0  = 0xFC;
    display();
    if( + +intr = = 10)                 //10ms 执行一次
    {
    intr = 0;
        key_flag = 1;                   //10ms 按键扫描标志位置1
    }
}
void cls_beep()
{
    P0 = 0X00;
    P2 = P2&0X1F|0XA0;
    P2 = P2&0X1F;
}
void cls_led()
```

```
{
    P0 = 0Xff;
    P2 = P2&0X1F | 0X80;
    P2 = P2&0X1F;
}


unsigned char read_keyboard(void)
{
    unsigned char temp, scan, i;
    P3 = 0xf0;
    temp = P3&0xf0;
    if(temp! = 0xf0)                            //有按键按下
    key_press + +;
        else
            key_press = 0;                      //抖动
    if(key_press = = 2)
{

        key_press = 0;
        key_re = 1;
        P3 = 0X0F;
        scan = P3&0X0F;
        temp = temp | scan;
        for(i = 0; i < 16; i + +)
        {
            if(temp = = table[i])
                key_value = i;
        }
    }

    //连续 2 次检测到按键被按下,并且该按键已经释放
    if((key_re = = 1) && (temp = = 0xF0))
    {
        key_re = 0;
        return key_value;
    }
    return 0xff;                                //无按键按下或被按下的按键未被释放
}
void key_proc(unsigned char key_code)
```

```c
{
    static unsigned long result = 0;
    static unsigned long addend = 0;
    static unsigned char cp;
    if((key_code >= 0)&&(key_code <= 9))
    {
        addend = addend * 10 + key_code;
        ShowNumber(addend);
    }
    else if(key_code == 10)              //加法
    {
        result = result + addend;
        cp = 1;
        addend = 0;
        ShowNumber(result);
    }
    else if(key_code == 11)              //减法
    {
        if(result == 0)
            result = addend;             //addend 为被减数
        else
            result = result - addend;    //addend 为减数
        addend = 0;
    cp = 2;
    ShowNumber(result);
    }
    else if(key_code == 12)              //乘法
    {
        if(result == 0)
            result = addend;
        else
        {
            if(cp == 0xff)               //连乘
                ;                        //result = result * 1;
            else
                result = result * addend;
        }
    cp = 3;
    addend = 0;
```

```
            ShowNumber(result);
    }
        else if(key_code = = 13)                    //除法
    {
        if(result = = 0)
                result = addend;
        else
        {
                if(cp = = 0xff)                     //连除
                    ;                               //result = result/1;
                else
                    result = result/addend;
        }
        cp = 4;
        addend = 0;
        ShowNumber(result);
    }
    else if(key_code = = 14)                        // =
    {
        switch(cp)
        {
            case 1:result = result + addend;
                            break;
            case 2:result = result - addend;
                            break;
            case 3:result = result * addend;
                            break;
            case 4:result = result/addend;
                            break;
        }

            addend = 0;cp = 0xff;
            ShowNumber(result);
    }
        else if(key_code = = 15)                    //清零
        {
            addend = 0;
            result = 0;
            ShowNumber(addend);
```

```
    }
}
void ShowNumber( unsigned long num)
{
    ( num > = 100000) ? ( dspbuf[ 2] = num/100000) : ( dspbuf[ 2] = 10) ;
    ( num > = 10000) ? ( dspbuf[ 3] = num%100000/10000) : ( dspbuf[ 3] = 10) ;
    ( num > = 1000) ? ( dspbuf[ 4] = num%10000/1000) : ( dspbuf[ 4] = 10) ;
    ( num > = 100) ? ( dspbuf[ 5] = num%1000/100) : ( dspbuf[ 5] = 10) ;
    ( num > = 10) ? ( dspbuf[ 6] = num%100/10) : ( dspbuf[ 6] = 10) ;
    dspbuf[ 7] = num%10;

}
//显示函数
void display( void)
{
    P0 = 0xff;
    P2 = ( ( P2&0x1f) |0xE0) ; //Y7
    P2 & = 0x1f;

    P0 = 1 < < dspcom;
    P2 = ( ( P2&0x1f) |0xC0) ; //Y6
    P2 & = 0x1f;

    P0 = tab[ dspbuf[ dspcom] ] ;
    P2 = ( ( P2&0x1f) |0xE0) ;
    P2 & = 0x1f;

    if( + + dspcom = = 8)
        dspcom = 0;
}
```

本章小结

本章介绍了 C 语言函数的调用语法知识，重点说明了形参与实参的相关知识点。矩阵按键电路结构比独立按键复杂，但是节约 IO 口线，适用于按键数量较多的场合。为了避免机械抖动引起的按键误判，引出了按键消抖。重点介绍了按键识别方法，利用简易加减计数器的例程进行说明。

实训项目

设计一个简易计算器，要求如下：

（1）计算器能正常显示 8 位数；

（2）开机时，显示 "0"，第一次按键输入时，显示 "D1"；第二次按下时，显示 "D1D2"；

（3）计算器能对整数进行简单的加、减、乘、除四则运算，在做除法时能自动舍去小数；

（4）运算结果超过可实现的位数时进行出错提示。

第9章　知识沉淀——交通灯设计和 PWM 控制

教学目标
1. 理解 PWM 原理及单片机的程序设计方法。
2. 掌握直流电机的 PWM 调速原理，并进行程序设计。
3. 掌握利用 PWM 波进行 LED 灯的亮度调节的原理，并进行程序设计。

重点内容
1. 交通灯系统的状态划分及编程；掌握基于51单片机的交通灯程序设计方法。
2. 单片机利用定时器产生 PWM 波的程序设计。

9.1　交通灯实现

9.1.1　设计要求

本节要完成一个交通灯控制系统的设计，十字路口的示意图如图9-1所示。丽景路和厚德路分别有红、黄、绿三盏交通灯，厚德路还有人行道的红绿灯。

系统上电复位后，丽景路的绿灯点亮，厚德路的红灯点亮，厚德路人行道的红灯点亮，持续30s，同时 LED 数码管显示30s的倒计时。

30s之后，丽景路的绿灯熄灭，黄灯点亮，厚德路的红灯和厚德路人行道的红灯继续点亮，持续3s，同时 LED 数码管显示3s的倒计时。

3s之后，丽景路的黄灯熄灭，红灯点亮，厚德路的绿灯和厚德路人行道的绿灯都点亮，持续30s，同时 LED 数码管显示30s的倒计时。

30s之后，丽景路的红灯持续点亮，厚德路的绿

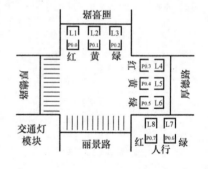

图9-1　交通灯示意图

灯熄灭，黄灯点亮；厚德路人行道的红灯点亮，持续3s，同时 LED 数码管显示3s的倒计时。

以上循环执行。

9.1.2　硬件电路分析

如图9-2所示，L1～L8 这8盏 LED 灯的状态是通过 P0.0～P0.7 控制的，根据本书第2.6节的内容，可以知道，当 Y4C 为高电平时，P0 口的数据输出到 Q1～Q7，当 Y4C 从高电平变为低电平（下降沿）的时候，P0 数据被锁存。当 Q1～Q7 的某一位输出为低电平时，LED 点亮。

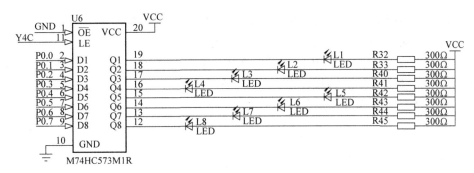

图 9-2　交通灯电路图

在数码管显示倒计时的时候，用到 4 个数码管，分别用开发板上两组数码管的低两位进行时间的显示，采用动态显示的方法。数码管的电路图如图 9-3 所示，这是共阳极数码管，8 个公共端 com1 ~ com8 是位选端，其数据由 P0 口提供，由 Y6C 进行数据锁存的控制；段选码 a ~ dp，其数据也是由 P0 口提供，由 Y7C 进行数据锁存的控制。当某一位的位选为 1，相应的字形段选为 0 时，可以显示相应的数据。

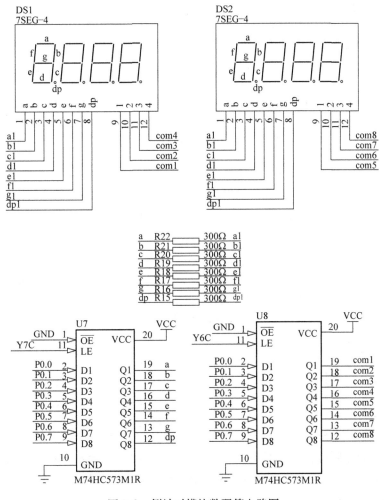

图 9-3　倒计时模块数码管电路图

本次设计在 I/O 模式下进行控制，即开发板的 J13，用跳线帽接 IO 端（如图 9-4a 所示），WR 引脚接地，此时，WR 引脚的电平为低电平（如图 9-4b 所示）。如图 9-4d 所示，74HC02 是 4 路独立的 2 输入或非门，因此，Y4C、Y6C 和 Y7C 的值分别受到 Y4、Y6 和 Y7 的控制。而 Y4、Y6 和 Y7 由 74HC138 的 C、B、A 三个地址端的值进行数据选择（如图 9-4c 所示），74HC138 的地址端分别接 P2.7、P2.6 和 P2.5。

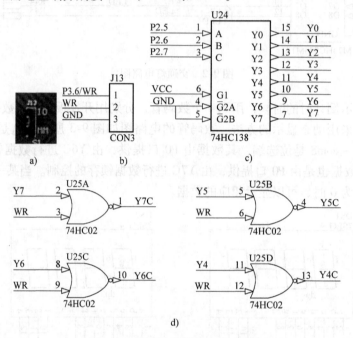

图 9-4　地址译码模块电路原理图

如表 9-1 所示，需要通过 P2 的最高三位进行译码，而在设置 P2.7 ~ P2.5 的时候，P2 口的其他位尽量不要受到影响。在控制红绿灯的时候，要选中 Y4，让 Y4 输出低电平，因此 P2.7 ~ P2.5 的值为 100；同理，在进行倒计时的显示时，要先输出位选码，让 Y6 为低电平，再输出段码，让 Y7 为低电平。

如何令 $\overline{Y4} = 0$？"P2&0x1f"将 P2 的最高三位清零，其他位不变，"（P2&0x1f）| 0x80"再将 P2 的最高位置 1，其他位不变，因此 P2 的最高三位的值为 100。同理，实现数码管位选和数码管段码输出的 P2 的相应设置见表 9-1。

表 9-1　地址译码

	C	B	A					
	P2.7	P2.6	P2.5	P2.4	P2.3	P2.2	P2.1	P2.0	
红绿灯控制 $\overline{Y4}=0$	1	0	0	×	×	×	×	×	P2 = ((P2&0x1f) I0x80);
数码管位选 $\overline{Y6}=0$	1	1	0	×	×	×	×	×	P2 = ((P2&0x1f) I0xc0);
数码管段码 $\overline{Y7}=0$	1	1	1	×	×	×	×	×	P2 = ((P2&0x1f) I0xe0);

整个红绿灯的控制过程以及对应的 I/O 口，见表 9-2，分为 4 个状态。采用一个无符号整型变量 sec 来区分这 4 个状态，在 0 ~ 29s 为状态 1，在 30 ~ 32s 为状态 2，在 33 ~ 62s 为状态 3，在 63 ~ 65s 为状态 4。

表 9-2　交通灯运行状态

状态	状态 1	状态 2	状态 3	状态 4
sec	0 ~ 29	30 ~ 32	33 ~ 62	63 ~ 65
丽景路	绿灯	黄灯	红灯	红灯
	P0.2	P0.1	P0.0	P0.0
厚德路	红灯	红灯	绿灯	黄灯
	P0.3	P0.3	P0.5	P0.4
厚德路人行道	红灯	红灯	绿灯	红灯
	P0.7	P0.7	P0.6	P0.7

可以根据表 9-2，列出 4 个状态下 P0 口的数据，如表 9-3 所示。

表 9-3　交通灯 P0 口的状态设置

	P0.7	P0.6	P0.5	P0.4	P0.3	P0.2	P0.1	P0.0	P0	状态持续时间
状态 1	0	1	1	1	0	0	1	1	P0 = 0x73	30s
状态 2	0	1	1	1	0	1	0	1	P0 = 0x75	3s
状态 3	1	0	0	1	1	1	1	0	P0 = 0x9e	30s
状态 4	0	1	1	0	1	1	1	0	P0 = 0x6e	3s

9.1.3　程序设计

主程序的流程图如图 9-5 所示。

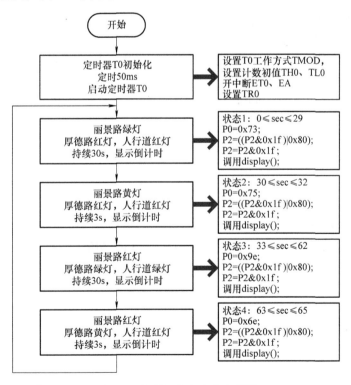

图 9-5　交通灯主程序的流程图

在控制红绿灯的时候，以状态 1 为例，梳理一下编程思路：

1）将 LED 的数据从 P0 口输入（P0 = 0x73）。

2）Y4C 先为高电平，则$\overline{Y4}$为低电平，即 74HC138 的地址端为 100，P2& = （（P2&0x1f）
|0x80），让 Y4 被选中。

3）将 Y4C 变为低电平，即$\overline{Y4}$为高电平，即 74HC138 不再选中 Y4，P2& = 0x1f，就可
以实现数据的锁存。

接下去进行倒计时的程序设计。

要实现 1s 的计时，因此采用定时器 T0 定时 50ms，每 50ms 进入定时中断服务程序，由
num 来计数，当计满 20 次，即实现 1s 的计时，每 1s 刷新 sec 的值，当 sec 实现一个循环
（sec = =66）时，sec 清零。

要实现倒计时的话，在程序的开头可以定义共阳数码管显示"0 - 9"和符号" - "的
段码，unsigned char code Disp_Tab[ ] = {0xc0,0xf9,0xa4,0xb0,0x99,0x92,0x82,0xf8,0x80,
0x90,0xbf}；

通过查表的方式来进行显示。采用 time 这个变量记录要倒计时的时间，接着将这个数
据进行十位、个位的拆分，将拆分后的数据存入 dspbuf 数组中。

在输出位码时，Y6 要被选中；在输出段码时，Y7 要被选中。

由于数码管实际的显示中，会出现"影子"，显示不清楚，因此每次循环之前，都进行
消隐，这样就能清晰地显示了。

【例 9-1】 交通灯的程序如下：

```
#include < reg52. h >
#define uchar unsigned char
uchar code Disp_Tab[ ] = {0xc0,0xf9,0xa4,0xb0,0x99,0x92,0x82,0xf8,0x80,0x90,0xFF} ;
uchar dspbuf[ ] = {10,10,10,10,10,10,10,10} ;
uchar dspcom =0,num,sec,time;
void display( );
void cls_buzz( );
void main( )
{
    cls_buzz( );
    TMOD = 0X01 ;
    TH0 = 0X4c ;                    //定时 50ms 初值
    TL0 = 0X00 ;
    ET0 = 1 ;
    EA = 1 ;
    TR0 = 1 ;
    while(1)
    {
        if( sec <30)                //丽景路绿灯,厚德路红灯,人行道红灯
        {
```

```
    P0 = 0X73;
    P2 = P2&0X1F|0X80;
    P2& = 0X1F;
    time = 30 - sec;
}
else if( sec < 33 )                    //丽景路黄灯,厚德路红灯,人行道红灯
{
    P0 = 0X75;
    P2 = P2&0X1F|0X80;
    P2& = 0X1F;
    time = 33 - sec;
}
else if( sec < 63 )                    //丽景路红灯,厚德路绿灯,人行道绿灯
{
    P0 = 0X9e;
    P2 = P2&0X1F|0X80;
    P2& = 0X1F;
    time = 63 - sec;
}
ese                                    //丽景路红灯,厚德路黄灯,人行道红灯
{
    P0 = 0X6e;
    P2 = P2&0X1F|0X80;
    P2& = 0X1F;
    time = 66 - sec;
}

if( time > = 10 )
{
    dspbuf[ 2 ] = time/10;
    dspbuf[ 6 ] = time/10;
}
else
{
    dspbuf[ 2 ] = 10;
    dspbuf[ 6 ] = 10;
}
dspbuf[ 3 ] = time%10;
dspbuf[ 7 ] = time%10;
```

```c
        display();
    }
}

void cls_buzz()
{
    P0 = 0X00;
    P2 = ((P2&0x1f)|0xA0);
    P2 & = 0x1f;
}

void display()
{

    P0 = 0xff;
    P2 = ((P2&0x1f)|0xE0);  //Y7
    P2 & = 0x1f;

    P0 = 1 < <dspcom;
    P2 = ((P2&0x1f)|0xC0);  //Y6
    P2 & = 0x1f;

    P0 = Disp_Tab[dspbuf[dspcom]];
    P2 = ((P2&0x1f)|0xE0);
    P2 & = 0x1f;

    if( + +dspcom = = 8)
        dspcom = 0;
}

void T0_Int() interrupt 1
{
    TH0 = 0X4C;
    TL0 = 0X00;
    if( + +num > = 20)
    {
        num = 0;
        if( + +sec > =66)
            sec = 0;
    }
}
```

交通灯实现结果如图 9-6 所示。

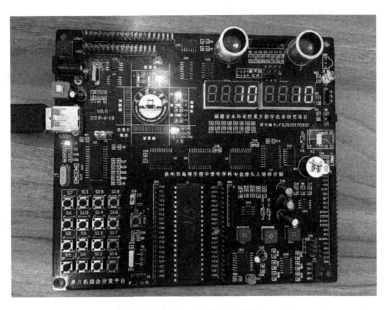

图9-6 交通灯实现结果图

9.2 PWM 基础知识

PWM 是 Pulse Width Modulation 的缩写，它的中文名字是脉冲宽度调制，它是利用微处理器的数字输出来对模拟电路进行控制的一种有效技术，其实就是使用数字信号达到一个模拟信号的效果。首先从它的名字来看，脉冲宽度调制就是通过改变脉冲宽度来实现不同的效果。先来看三组不同的脉冲信号，如图9-7 所示。

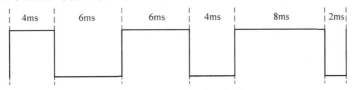

图9-7 PWM 波形示意图

这是一个周期是10ms，即频率是100Hz 的波形，但是每个周期内，高低电平脉冲宽度各不相同，这就是 PWM 的本质。在这里大家要记住一个概念，叫做"占空比"。占空比是指高电平的时间占整个周期的比例。比如第一部分波形的占空比是40%，第二部分波形占空比是60%，第三部分波形占空比是80%，这就是 PWM 的解释。

9.3 直流电动机 PWM 调速

9.3.1 直流电动机简介

直流电动机（如图9-8 所示）具有速度控制容易、起动制动性能良好，且能在宽范围内平滑调速等特点，因此在电力、冶金、机械制造等工业部门中得到广泛应用。

直流电动机的转速控制方法可分为两类：励磁控制法与电枢电压控制法。励磁控制法控制磁通，其控制功率小，但低速时受到磁场饱和的限制，高速时受到换向火花和转向器结构强度的限制，而且由于励磁线圈电感较大，动态响应较差，所以经常采用电枢电压控制法。

电枢电压控制法是通过改变电枢端的电压进行调速的方法。PWM 是一种常用的调速方法，通过改变电动机电枢电

图 9-8　直流电动机实物图

压的接通和断开的时间比来控制电动机的速度。当电动机通电时，速度增加，当电动机断电时，速度降低，只要按照一定规律改变通电和断电的时间，就可以使电动机的速度保持在一个稳定值上。

设电动机始终接通电源时，电动机转速最大为 V_{max}，占空比 $D = t_1/T$，其中 t_1 为脉冲高电平时间，T 为脉冲周期，则电动机的平均速度为 $V_a = V_{max} \cdot D$。当我们改变占空比 D 时，就可以得到不同的平均速度 V_a，从而达到调速的目的。严格来说，平均速度 V_a 和占空比 D 不是严格的线性关系，但是在一般的应用中，我们可以将其近似地看成是线性关系。

根据占空比的公式 $D = t_1/T$，改变占空比 D 的值有三种方法：

（1）定宽调频法：保持高电平时间 t_1 不变，只改变低电平时间 t_2，这样使周期（或频率）也随之改变。

（2）调宽调频法：保持低电平时间 t_2 不变，只改变高电平时间 t_1，这样使周期（或频率）也随之改变。

（3）定频调宽法：保持周期 T 不变，同时改变高电平时间 t_1 和低电平时间 t_2。

前两种方法在调速时改变了控制脉冲的周期 T，当控制脉冲的频率和系统的固有频率接近时，将会引起振荡，因此采用定频调宽法来改变占空比，从而改变直流电动机电枢两端电压。

9.3.2　直流电动机恒速运行

开发板上关于电动机的电路图如图 9-9 所示。

单片机要驱动直流电动机，需要有驱动芯片。开发板上采用的是 ULN2003，ULN2003 是高耐压、大电流达林顿系列，由 7 个硅 NPN 达林顿管组成，输入 5V TTL 电平，输出可达 500mA/50V。

如图 9-9b 所示，将直流电动机的一端接到排针 J3 的 N_MOTOR 引脚，另一端接到 VCC，通过 P0.5 引脚输出 PWM 波来控制直流电动机的转速。本次设计采用 IO 模式进行控制，将开发板的 J13，用跳线帽接 IO 端。

当 P2.7 = 1，P2.6 = 0，P2.5 = 1（其他地址线不需要关心）时，即可将与电动机执行机构模块连接的 74HC573 "打通"，此时可以通过 P0.5 口（或者 P0.0 – P0.3 中任意一个端口）控制直流电动机的状态。

要输出一个占空比为 70%、周期为 50ms（500μs × 100）的波形，如图 9-10 所示，采用定时器 T0 定时 500μs，用一个 num 的变量记录中断次数，100 个 500μs 后，num 清零。

设单片机的晶振频率为 11.0592MHz，则机器周期为

$$\frac{1}{11.0592 \times 10^6} \times 12 \times 10^6 \mu s = 1.085 \mu s$$

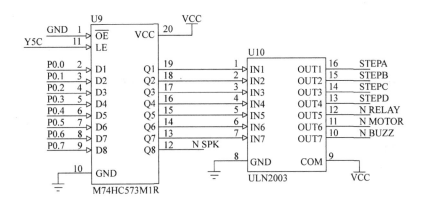

a)

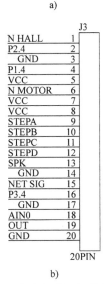

b)

图9-9　直流电动机相关电路图

要实现定时500μs，则定时常数为 $65536 - \dfrac{500}{1.085} = 65075$，转换为十六进制，则 TH0 = 0xfe，TL0 = 0x33。

在T0的中断服务程序中，每500μs中断一次，用一个num的变量记录中断次数，当计数到100，num就清零。

在主程序中，当num < 30 时，PWM输出为0，否则PWM输出为1。当PWM输出为0时，直流电动机不转动，当PWM输出为1时，直流电动机转动。

图9-10　占空比为70%的PWM波示意图

【例9-2】直流电动机恒速运行程序如下：

```
#include < reg52. h >
unsigned char num;
```

```
main( )
{
    TMOD = 0X01;
    TH0 = 0XFE;                    //500μs 初值
    TL0 = 0X33;
    EA = 1;
    ET0 = 1;
    TR0 = 1;
    while(1);
}
void T0_Int( ) interrupt 1         //T0 中断函数
{
    TH0 = 0XFE;                    //500μs 初值
    TL0 = 0X33;
    if( + +num > = 100)
        num = 0;
    if( num < 30)
        P0 = P0|0X20;00100000     //MOT 输出 0
    else
        P0 = P0&0X9F;10011111     //MOT 输出 1
    P2 = P2&0X1F|0XA0;
    P2& = 0X1F;
}
```

可以看到直流电动机转动起来了。但是由于 PWM 波的周期是固定的，占空比也是固定的，因此直流电动机恒速运行，实物图如图 9-11 所示。

图 9-11　直流电动机恒速运行实物图

9.3.3　直流电动机调速

现在通过一个按键来控制直流电动机的转速，将直流电动机的档位设为 4 档。

初始状态直流电动机不转，LED 数码管显示"0"；

第 1 次按下 S7 按键后，直流电动机进入 1 档，并且 LED 数码管显示"1"；

第 2 次按下 S7 按键后，直流电动机进入 2 档，并且 LED 数码管显示"2"；

第 3 次按下 S7 按键后，直流电动机进入 3 档，并且 LED 数码管显示"3"；

第 4 次按下 S7 按键后，直流电动机进入 4 档，并且 LED 数码管显示"4"；

第 5 次按下 S7 按键后，直流电动机进入 1 档，并且 LED 数码管显示"1"。如此循环。

采用 T0 定时 1ms，通过 10 次中断，产生周期为 10ms 的 PWM 波。设单片机的晶振频率为 11.0592MHz。通过设置不同的 PWM 波的占空比来进行直流电动机的调速。设定 30%、50%、70%、90% 四个占空比，采用 PWM_ON 变量记录高电平时长。

【例 9-3】直流电动机调速程序如下：

```c
#include <reg52.h>
sbit S7 = P3^0;
unsigned char Key_Num,PWM_ON,ms;
unsigned char code Tab[] = {
0xc0,0xf9,0xa4,0xb0,0x99,0x92,0x82,0xf8,0x80,0x90,0xFF};
void delayms(unsigned int);
main()
{
    TMOD = 0X01;
    TH0 = 0XFC;                         //定时 1ms 初值
    TL0 = 0X66;
    EA = 1;
    ET0 = 1;
    TR0 = 1;
    P0 = 0X80;                          //选中最右边的数码管
    P2 = P2&0X1F|0XC0;
    P2& = 0X1F;
    P0 = Tab[0];                        //显示初始档位 0
    P2 = P2&0X1F|0Xe0;
    P2& = 0X1F;
    while(1)
    {
        if(! S7)
        {
            delayms(30);
            if(! S7)
```

```
            {
                if( + +Key_Num > = 5)
                    Key_Num = 1;
                switch(Key_Num)
                {
                case 1:PWM_ON = 3;        //1 档
                        break;
                case 2:PWM_ON = 5;        //2 档
                        break;
                case 3:PWM_ON = 7;        //3 档
                        break;
                case 4:PWM_ON = 9;        //4 档
                        break;
                }
                P0 = Tab[Key_Num];        //显示档位
                P2 = P2&0X1F|0XE0;
                P2& = 0X1F;
            }
            while(! S7);
        }


    }
}
void T0_Int( ) interrupt 1
{
    TH0 = 0XFC;
    TL0 = 0X66;
    if( + +ms > = 10)                    //PWM 周期为 10ms
        ms = 0;
    if(ms < PWM_ON)                      //MOT 输出 0
        P0 = P0|0X20;
    else
        P0 = P0&0X9F;                    //MOT 输出 1
    P2 = P2&0X1F|0XA0;
    P2& = 0X1F;
}
void delayms(unsigned int x)
{
    unsigned int i,j;
```

```
    for(i = x;i > 0;i − − )
        for(j = 113;j > 0;j − − );
}
```

直流电动机通过按键进行四档调速的结果图如图 9-12 所示。

图 9-12　直流电动机按键调速结果图

9.4　PWM 调光

在数字电路里，只有 0 和 1 两种状态，例如，当程序为 "LED = 0;" 时，小灯就会长亮，当 "LED = 1;" 时，小灯就会灭掉。当小灯在亮和灭状态间隔运行的时候，小灯是闪烁。如果把这个间隔不断地减小，减小到人的肉眼分辨不出来，也就是 100Hz 以上的频率，这个时候小灯表现出来的现象就是既保持亮的状态，但亮度又没有 LED = 0 时的亮度高。那么不断改变时间参数，让 LED = 0 的时间大于或者小于 LED = 1 的时间，会发现亮度都不一样，这就是模拟电路的感觉了，不再是纯粹的 0 和 1，而是亮度不断变化。

如果用 100Hz 的信号，如图 9-6 所示，假如高电平熄灭小灯，低电平点亮小灯的话，第一部分波形熄灭 4ms，点亮 6ms，亮度最高；第二部分熄灭 6ms，点亮 4ms，亮度次之；第三部分熄灭 8ms，点亮 2ms，亮度最低。那么用程序验证一下我们的理论，我们用定时器 T0 定时改变 P0.0 的输出来实现 PWM，与纯定时不同的是，这里每周期内都要重载两次定时器初值，即用两个不同的初值来控制高低电平的不同持续时间。为了使亮度的变化更加明显，程序中使用的占空比差距更大。

【例 9-4】LED 灯调光程序如下：

```
#include  < reg52. h >
#include  < absacc. h >
#define PWMOUT XBYTE[0x8000]        //LED 灯的地址
unsigned char HighRH = 0;           //高电平重载值的高字节
unsigned char HighRL = 0;           //高电平重载值的低字节
```

```
unsigned char LowRH = 0;                //低电平重载值的高字节
unsigned char LowRL = 0;                //低电平重载值的低字节
void ConfigPWM(unsigned int fr, unsigned char dc);
void ClosePWM();
void main()
{
    unsigned int i;
    EA = 1;                             //开总中断
    while (1)
    {
        ConfigPWM(100, 10);             //频率100Hz, 占空比10%
        for (i = 0; i < 40000; i + +);
        ClosePWM();
        ConfigPWM(100, 40);             //频率100Hz, 占空比40%
        for (i = 0; i < 40000; i + +);
        ClosePWM();
        ConfigPWM(100, 90);             //频率100Hz, 占空比90%
        for (i = 0; i < 40000; i + +);
        ClosePWM();                     //关闭PWM, 相当于占空比100%
        for (i = 0; i < 40000; i + +);
    }
}
/* 配置并启动PWM, fr—频率, dc—占空比 */
void ConfigPWM(unsigned int fr, unsigned char dc)
{
    unsigned int high, low;
    unsigned long tmp;
    tmp = (11059200/12)/ fr;            //计算一个周期所需的计数值
    high = (tmp * dc)/ 100;             //计算高电平所需的计数值
    low = tmp - high;                   //计算低电平所需的计数值
    high = 65536 - high + 12;           //计算高电平的重载值并补偿中断延时
    low = 65536 - low + 12;             //计算低电平的重载值并补偿中断延时
    HighRH = (unsigned char)(high > >8); //高电平重载值拆分为高低字节
    HighRL = (unsigned char)high;
    LowRH = (unsigned char)(low > >8);  //低电平重载值拆分为高低字节
    LowRL = (unsigned char)low;
    TMOD & = 0xF0;                      //清零T0的控制位
    TMOD | = 0x01;                      //配置T0为模式1
```

```
    TH0 = HighRH;                          //加载 T0 重载值
    TL0 = HighRL;
    ET0 = 1;                               //使 T0 中断
    TR0 = 1;                               //启动 T0
    PWMOUT = 1;                            //输出高电平
}
/ * 关闭 PWM */
void ClosePWM( )
{
    TR0 = 0;                               //停止定时器
    ET0 = 0;                               //禁止中断
    PWMOUT | = 0x01;                       //输出高电平
}

/ * T0 中断服务函数, 产生 PWM 输出  */
void InterruptTimer0( )  interrupt 1
{
    if ( PWMOUT = = 1)                     //当前输出为高电平时, 装载低电平值并输出
                                             低电平
    {
        TH0 = LowRH;
        TL0 = LowRL;
        PWMOUT & = 0xfe;
    }
    else                                   //当前输出为低电平时, 装载高电平值并输出
                                             高电平
    {
        TH0 = HighRH;
        TL0 = HighRL;
        PWMOUT | = 0x01;
    }
}
```

由于标准 51 单片机中没有专门 PWM 模块, 所以用定时器加中断的方式来产生 PWM, 而现在有很多的单片机都会集成硬件的 PWM 模块, 这种情况下需要我们做的就仅仅是计算一下周期计数值和占空比计数值, 然后配置到相关的 SFR 中即可, 既使程序得到了简化, 又确保了 PWM 的输出品质（因为消除了中断延时的影响）。

编译下载程序后, 会发现小灯从最亮到灭一共 4 个亮度等级。如图 9-13 所示。

如果我们让亮度等级更多, 并且让亮度等级连续起来, 会产生一个小灯渐变的效果, 与呼吸有点类似, 所以我们习惯上称之为呼吸灯, 请大家自行设计, 见本章实训项目 2。

图 9-13　　LED 调光结果图

本章小结

本章我们主要介绍了交通灯的设计，实现了 LED 灯和数码管动态扫描同时进行。接着介绍了 PWM 的基础知识，并且通过 PWM 波控制直流电动机和 LED 灯。通过调节 PWM 波的占空比来实现直流电动机的转速变化和 LED 的亮度。

实训项目

1. 在 9.1 节交通灯设计中，修改程序，将黄灯点亮的状态改为黄灯闪烁，且在黄灯闪烁期间不进行倒计时。

2. 在【例 9-4】的基础上，让亮度等级更多，并且让亮度等级连续起来，会产生一个小灯渐变的效果，与呼吸有点类似，进行呼吸灯的设计。

提示：可以采用 2 个定时器 2 个中断。

第10章 数据传输——串口通信

10.1 串口通信基础

通信，即信息的传输与交换。单片机系统的实现需要与传感器、储存芯片、外围控制芯片等结合，单片机系统的通信作用就是将单片机产生的数据发送给其他设备，其他设备的数据被单片机获取。UART（Universal Asynchronous Receiver/Transmitter，即通用异步收发器）串行通信是单片机最常用的一种通信技术，通常用于单片机和计算机之间以及单片机和单片机之间的通信。

10.1.1 基本通信方式及特点

数据通信的基本方式可分为并行通信与串行通信两种：

并行通信：利用多条数据线将各位同时发送，特点是传输快，适于短距离通信。

串行通信：利用一条线路将数据一位一位地顺序发送，特点是线路简单、成本低，适于远距离通信。

10.1.2 串行通信数据传送方式

串行通信分为同步和异步两种。

进行异步通信的单片机的时钟相互独立，其频率可以不同，在通信时不需要有同步时钟信号。由于异步通信时逐帧进行传输，各位之间的时间间隔必须相同，所以保证两片单片机有相同的传输波特率。当传输波特率误差超过5%，就不能正常通信。

帧与帧之间的时间间隔是任意的，间隙为高电平。由于异步通信每传送一帧有固定格式，双方按照约定格式来发送和接收，硬件结构比同步通信简单，还能利用校验位检测错误。帧格式如图10-1所示。

异步通信数据传送按帧传输，一帧数据包含起始位、数据位、校验位和停止位。传送用一个起始位表示字符的开始，用停止位表示字符的结束。

1）起始位：发送方是通过发送起始位而开始一个字符的传送。

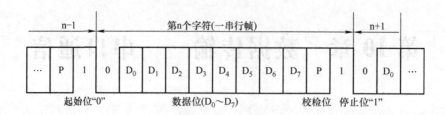

图 10-1　帧格式

2）数据位：串行通信中所要传送的数据内容。在数据位中，低位在前，高位在后。数据位通常是 8 位。

3）校验位：用于对字符传送作正确性检查，因此校验位是可以省略的。

4）停止位：一个字符传送结束的标志，停止位在一帧数据的最后。停止位可能是 1、1.5 或 2 位，在实际应用中根据需要确定。

5）位时间：一个格式位的时间宽度。

6）帧（frame）：从起始位开始到停止位结束的全部内容称为一帧。帧是一个字符的完整通信格式，因此也就把串行通信的字符格式称为帧格式。

单片机中广泛采用异步通信方式。

同步通信要建立发送方时钟对接收方时钟的直接控制，使双方达到完全同步。此外传输数据的位之间的间距均为“位间隔”的整数倍，同时发送的字符间不留间隙，即保持位同步也保持字符同步，如图 10-2 所示。

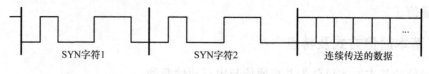

图 10-2　同步通信

10.1.3　串行通信的传输方向

单工：数据始终是 A 发送到 B。

半双工：数据既能从 A 发送到 B，也能从 B 发送到 A，但任何时候不能在两个方向同时传送，即每次只能一个设备发送，另一个设备接收；

全双工：允许通信双方同时进行发送和接收。

10.1.4　串行通信的传输速率

波特率是数据传送的速率，其定义是每秒钟传送的二进制数的位数。波特率的倒数即为每位传输所需要的时间。

1 波特率（Bit per second）＝1 位/秒（1 bit/s）

例如：数据传送的速率是 120 字符/s，若每个字符为 10 位的二进制数，则传送波特率为 1200 波特。

10.2 单片机与 PC 常见通信接口

单片机和 PC 的串行通信一般采用 RS – 232、RS – 422 或 RS – 485 总线标准接口。

1. RS – 232

RS – 232 接口符合美国电子工业联盟（EIA）制定的串行数据通信的接口标准，原始编号全称是 EIA – RS – 232（简称 232，RS232）。它被广泛用于计算机串行接口外设连接。

RS – 232 – C 标准规定的数据传输速率为每秒 50、75、100、150、300、600、1200、2400、4800、9600、19200 波特。

RS – 232 是现在主流的串行通信接口之一。由于 RS – 232 接口标准出现较早，难免有不足之处，主要有以下四点：

（1）接口的信号电平值较高，易损坏接口电路的芯片。RS – 232 接口任何一条信号线的电压均为负逻辑关系。即：逻辑"1"为 – 3 ~ – 15V；逻辑"0"为 + 3 ~ + 15V，噪声容限为 2V。即要求接收器能识别高于 + 3V 的信号作为逻辑"0"，低于 – 3V 的信号作为逻辑"1"，TTL 电平 5V 为逻辑正，0 为逻辑负。与 TTL 电平不兼容，故需使用电平转换电路方能与 TTL 电路连接。

（2）传输速率较低。

（3）接口使用一根信号线和一根信号返回线而构成共地的传输形式，这种共地传输容易产生共模干扰，所以抗噪声干扰性弱。

（4）传输距离有限，最大传输距离标准值为 50ft（1ft = 0.3048m），实际上也只能用在 15m 左右。

2. RS – 485

在要求通信距离为几十米到上千米时，广泛采用 RS – 485 串行总线。RS – 485 采用平衡发送和差分接收，因此具有抑制共模干扰的能力。加上总线收发器具有高灵敏度，能检测低至 200mV 的电压，故传输信号能在千米以外得到恢复。RS – 485 采用半双工工作方式，任何时候只能有一点处于发送状态，因此，发送电路须由使能信号加以控制。

RS – 485 用于多点互连时非常方便，可以省掉许多信号线。应用 RS – 485 可以联网构成分布式系统，其允许最多并联 32 台驱动器和 32 台接收器。针对 RS – 232 – C 的不足，新标准 RS – 485 具有以下特点：

（1）RS – 485 的电气特性：逻辑"1"以两线间的电压差 + 2 ~ + 6V 表示，逻辑"0"以两线间的电压差 – 6 ~ – 2V 表示。接口信号电平比 RS – 232 – C 降低了，就不容易损坏接口电路芯片，且该电平与 TTL 电平兼容，可方便与 TTL 电路连接。

（2）数据最高传输速率为 10Mbit/s。

（3）RS – 485 接口采用平衡驱动器和差分接收器的组合，抗共模干扰能力强，即抗噪声性能好。

（4）RS – 485 接口的最大传输距离标准值 4000ft，实际上可达 3000m。

（5）RS – 232 – C 接口在总线上允许连接一个收发器，即单站能力；而 RS – 485 接口在总线上允许连接多达 128 个收发器，即具有多站能力，这样用户可以利用单一的 RS – 485 接口方便地建立设备网络。

3. RS－422

RS－422 标准全称是"平衡电压数字接口电路的电气特性"，它定义了接口电路的特性。实际上还有一根信号地线，共 5 根线。由于接收器采用高输入阻抗和发送驱动器，比 RS－232 有更强的驱动能力，故允许在相同传输线上连接多个接收节点，最多可接 10 个节点。一个主设备（Master），其余为从设备（Slave），从设备之间不能通信，所以 RS－422 支持点对多的双向通信。接收器输入阻抗为 4kΩ，故发端最大负载能力是（10 × 4k + 100）Ω（终接电阻）。

RS－422 特性：RS－422 四线接口由于采用单独的发送和接收通道，因此不必控制数据方向，各装置之间任何必须的信号交换均可以按软件方式（XON/XOFF 握手）或硬件方式（一对单独的双绞线）。RS－422 的最大传输距离为 4000ft（约 1219m），最大传输速率为 10Mbit/s。其平衡双绞线的长度与传输速率成反比，在 100kbit/s 速率以下，才可能达到最大传输距离。只有在很短的距离下才能获得最高速率传输。一般 100m 长的双绞线上所能获得的最大传输速率仅为 1Mbit/s。

RS－422 需要终接电阻，要求其阻值约等于传输电缆的特性阻抗。在短距离传输时可不需终接电阻，即一般在 300m 以下不需终接电阻。终接电阻接在传输电缆的最远端。

4. RS－232、RS－422、RS－485 三者间的区别

（1）RS－232 是全双工的，RS－485 是半双工的，RS－422 是全双工的。

（2）RS－485 与 RS－232 仅仅是通信的物理协议（即接口标准）有区别，RS－485 是差分传输方式，RS－232 是单端传输方式，但通信程序没有太多的差别。如果 PC 上已经配备有 RS－232，直接使用就行了，若使用 RS－485 通信，只要在 RS－232 端口上配接一个 RS－232 转 RS－485 的转换头就可以了，不需要修改程序。

开发板通常是用 USB 转串口芯片 CH341 来实现的。电路图如图 10-3 所示。

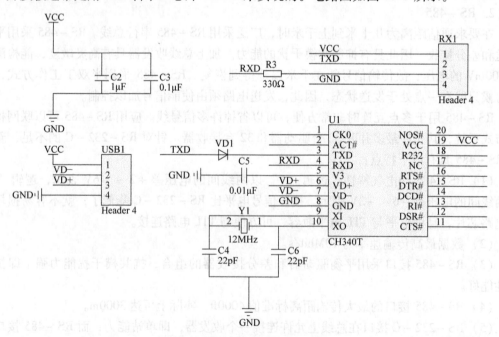

图 10-3　USB 转串口芯片 CH341

　　单片机的 P3.0 口与 CH341 芯片的 TXD 引脚连接，P31 口与 CH341 芯片的 RXD 引脚连接，USB 的两条数据线分别与 VD + 和 VD – 连接，单片机发出去的数据即可通过 PC 端的上位机接收。

10.3　串口结构与工作原理

　　MCS – 51 单片机内置一个全双工的串行通信接口。串行数据从 RXD（P3.0）引脚输入，从 TXD（P3.1）引脚输出。串口内部结构如图 10-4 所示。

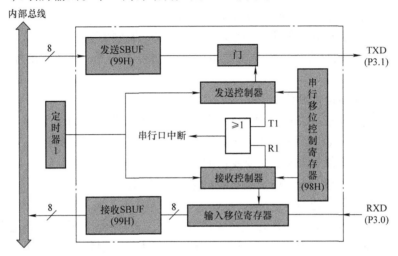

图 10-4　串口内部结构图

　　串行口由数据缓冲器、移位寄存器、串行控制寄存器和波特率发生器等组成。SBUF 是串行数据缓冲寄存器。在逻辑上，SBUF 只有一个，既表示发送寄存器，又表示接收寄存器。它们有相同名字和单元地址，但它们不会出现冲突，因为在物理上，SBUF 有两个：一个只能被 CPU 读出数据（接收寄存器），一个只能被 CPU 写入数据（发送寄存器）。

　　单片机的串行口设有两个控制寄存器：串行控制寄存器 SCON 和电源控制寄存器 PCON。各位的功能如下所示：

1. SCON（98H）

SCON 的格式如下：

7	6	5	4	3	2	1	0
SM0	SM1	SM2	REN	TB8	RB8	TI	RI
9FH	9EH	9DH	9CH	9BH	9AH	99H	98H

（1）SM0、SM1：串行口工作方式控制位，其定义见表 10-1。

表 10-1　串行口工作方式

SM0、SM1	工作方式	功能描述	波特率
00	方式 0	8 位移位寄存器	$f_{osc}/12$
01	方式 1	10 位 UART	可变
10	方式 2	11 位 UART	$f_{osc}/64$ 或 $f_{osc}/32$
11	方式 3	11 位 UART	可变

1）串口方式0：串行口为同步移位寄存器的输入输出方式，主要用于扩展并行输入输出接口，数据由 RXD（P3.0）引脚输入或者输出，同步移位脉冲由 TXD（P3.1）引脚输出，发送和接收均为8位数据，低位在先，高位在后。波特率固定为 $f_{osc}/12$。

2）串口方式1：10位数据异步通信口，1起始，8数据，1停止，TXD（P3.1）为数据发送引脚，RXD（P3.0）为数据接收引脚。其传输波特率可变，对51单片机而言，波特率由定时器1的溢出率而决定，一般而言，在单片机与单片机，单片机与计算机，计算机与计算机串口通信时，基本都是选择方式1，所以此种方式必须掌握。

3）串口方式2、3：11位数据的异步通信口，TXD（P3.1）为数据发送引脚，RXD（P3.0）为数据接收引脚。在这两种方式下，1起始，9数据，1停止，一帧数据11位。方式2的波特率固定为晶振频率的1/64或1/32，方式3的波特率由定时器1的溢出率决定。方式2和方式3的差别仅在于波特率的选取不同，两种方式下，接收到的停止位与 SBUF、RB8、RI 都无关。

（2）SM2：多机通信控制位。

（3）REN：允许接收位。REN 用于控制数据接收的允许和禁止，REN = 1 时，允许接收，REN = 0 时，禁止接收。该位由软件置位或复位。

（4）TB8：方式2和方式3中，要发送的第9位数据。

（5）RB8：方式2和方式3中，要接收的第9位数据。

（6）TI：发送中断标志位。

可寻址标志位。方式0时，发送完第8位数据后，该位由硬件置位；其他方式下，在发送停止位之前由硬件置位，因此，TI = 1 表示帧发送结束，可由软件查询 TI 位标志，也可以请求中断。TI 必须由软件清零。

（7）RI：接收中断标志位。可寻址标志位。方式0时，接收完第8位数据后，该位由硬件置位；在其他工作方式下，当接收到停止位时，该位由硬件置位，RI = 1 表示帧接收完成，可由软件查询 RI 位标志，也可以请求中断。RI 必须由软件清零。

2. 电源控制寄存器 PCON

PCON 主要是为了实现电源控制而设置的专用寄存器，字节地址为 87H，不可位寻址，PCON 的格式如下：

PCON	D7	D5	D4	D3	D2	D1	D0
(87H)	SMOD	—	—	GF1	GF0	PD	IDL

PCON 的 GF1、GF0、PD 和 IDL 位与串行通信无关，用于单片机的电源控制。SMOD 为波特率加倍位，串行方式1、2、3时，SMOD = 0 时，波特率不加倍；SMOD = 1 时波特率加倍。系统复位时，默认为 SMOD = 0。

10.4　波特率与定时器

单片机串行口的波特率随所选工作方式的不同而异，在串行通信中，收发双方的波特率要求保持一致，其误差一般不超过5%，否则无法完成正常通信。

方式0的波特率是固定的，其值为系统晶振频率的1/12，即 $f_{osc}/12$。

方式 2 的波特率也是固定的，由 PCON 的选择位 SMOD 来决定，计算公式为

$$波特率 = (2^{SMOD}/64) \times f_{osc}$$

有两种不同的值，SMOD = 1 时，波特率为 $f_{osc}/32$；当 SMOD = 0 时，波特率为 $f_{osc}/64$。

方式 1 和方式 3 的波特率是可变的，其值由定时器 1 的溢出率控制，假设定时器 T1 的溢出率为 T_x，计算公式为

$$波特率 = (2^{SMOD}/32) \times T_x$$

定时器 T1 的溢出率与 T1 的工作方式有关。

最典型的应用方式是 T1 设置成 8 位自动重装方式禁止中断（即定时工作方式 2），此时 T1 的溢出率计算公式为

T1 的溢出率 = $(f_{osc}/12)/(256 - (TH1))$

此时波特率计算公式为

$$波特率 = (2^{SMOD}/32) \times (f_{osc}/12)/(256 - (TH1))$$

MCS – 51 单片机 T1 的方式 2 为 8 位自动重装的定时/计数器模式，为串行口的波特率发生器提供一个精确的时间基准。

当时钟频率选用 11.0592MHz 时，容易获得标准的波特率，所以需要串行通信功能的单片机应用系统通常都选用该晶振频率。定时器 T1 在工作方式 2 时常用的波特率及初值见表 10-2。

表 10-2　定时器 T1 在工作方式 2 时的常用波特率及初值

常用波特率/(bit/s)	f_{osc}/MHz	SMOD	TH1 初值
19200	11.0592	1	FDH
9600	11.0592	0	FDH
4800	11.0592	0	FAH
2400	11.0592	0	F4H
1200	11.0592	0	E8H

10.5　编程与实现

在进行串口的相关操作之前，需要对单片机的一些特殊功能寄存器进行初始化设置。主要是设置产生波特率的定时器 1，串行口控制和中断控制，具体步骤如下：

1）确定串行口工作方式（编程 SCON 寄存器）。

2）确定 T1 的工作方式（编程 TMOD 寄存器）。

3）计算 T1 的初值，装载 TH1 和 TL1。

4）启动 T1（编程 TCON 中的 TR1 位）。

5）串行口工作在中断方式时，要进行中断设置（编程 IE、IP 寄存器）。

现在要实现 PC 端发送一帧数据给单片机，单片机接收一帧完整数据后发送回 PC 端。代码如下所示。该例程中，没有加入数据帧校验功能，感兴趣的同学可以自行研究、添加。

```
#include <reg52.h>
```

```
unsigned char DateLenght;                //接收的数据长度
unsigned char Rec_Statu;                 //是否处于一个正在接收数据包的状态
unsigned char Rec_cnt;                   //计数
unsigned char PackFlag;                  //是否接收到一个完整的数据包标志可以
                                           放在主函数中判断
unsigned char rxbuf[20];                 //接收数据的缓冲区。自己开辟的20字
                                           节空间,根据实际修改大小
void Uart_Init()                         //串口初始化的寄存器配置
{
    SCON = 0x50;                         //8位数据,可变波特率
                                        //定时器1时钟为 f_osc,即1T
                                        //方式1选择定时器1为波特率发生器
    TMOD = 0x20;                         //设定定时器1为8位自动重装方式
    TL1 = 0xFD;                          //设定定时初值9600,可由 STC 的官方
                                          ISP 软件直接得到配置数据
    TH1 = 0xFD;                          //设定定时初值
    TR1 = 1;                            //开始计时
    ES = 1;                             //开串口中断
    EA = 1;                             //开总中断
}
void Uart_SendByte(unsigned char dat)    //发送一个字节的实现函数
{
    SBUF = dat;                         //把数据放到 SBUF 中
    while (TI == 0);                    //未发送完毕就等待
    TI = 0;
}
void Uart_SendString(unsigned char *pt)  //发送字符串的函数
{
  while(*pt)
    Uart_SendByte(*pt++);
}
void ReciProcess() interrupt 4           //串口中断处理函数
{
    unsigned char Temp;
    if(RI)                              // 如果接收到数据
        {
            RI = 0;                     //标志位软件清零
```

```
        Temp = SBUF;                    //读取接收缓冲器的数据
        if( Temp = = 0xFE)              //判断是否是帧头。帧头可以自己定义,
                                            一般不要定义成数据中可能出现的值

        {
            Rec_Statu = 1;
            Rec_cnt   = 0 ;
            PackFlag   = 0;
        }
        if( Rec_Statu = = 1)            //是否处于接收数据包状态
        {
            rxbuf[ Rec_cnt + + ] = Temp;   //没有发送帧尾,默认数据帧接收未结
                                            束,会一直接收新数据

        }
        if( Temp = = 0xFA)              //如果是帧尾。帧尾可以自己定义,一般
                                            不要定义成数据中可能出现的值

        {
            PackFlag = 1;               //用于告知系统已经接收到一个完整的数
                                            据包
            Rec_Statu = 0;             //不再接收新数据
            DateLenght = Rec_cnt;
        }
    }
}
void main( )
{
    char i;
    Uart_Init( );
    Uart_SendString("Hello World!");    //用串口助手调试过程中注意显示格式的
                                            切换

    while(1)
    {
        if( PackFlag)                   //是否接收到完整的一帧数据
        {
            PackFlag = 0;
            for( i = 0;i < DateLenght;i + + )
            {
                Uart_SendByte( rxbuf[i]);   //把接收到的数据帧发回去给 PC
```

```
        rxbuf[i] = 0;                    //把缓存数组清零
              }
          }
      }
}
```

一般在设置波特率的时候不建议去死记硬背寄存器的值，可以利用 STC 官方 ISP（图 10-5）工具计算得到。

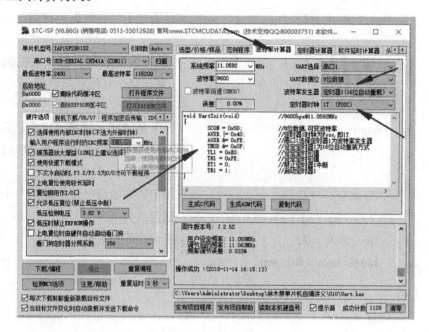

图 10-5　ISP 页面

10.6　ASCII 码

ASCII（American Standard Code for Information Interchange，美国信息互换标准代码）是基于拉丁字母的一套电脑编码系统。它主要用于显示现代英语和其他西欧语言。它是现今最通用的单字节编码系统，并等同于国际标准 ISO/IEC 646。

ASCII 第一次以规范标准的型态发表是在 1967 年，最后一次更新则是在 1986 年，至今为止共定义了 128 个字符，其中 33 个字符无法显示（这是以现今操作系统为依据，但在 DOS 模式下可显示出一些诸如笑脸、扑克牌花式等 8 位符号），且这 33 个字符多数都已是被废除的控制字符，控制字符的用途主要是用来操控已经处理过的文字，在 33 个字符之外的是 95 个可显示的字符，包含用键盘敲下空白键所产生的空白字符也算 1 个可显示字符（显示为空白）。详见附录。

本章小结

计算机之间的通信有并行和串行两种方式，串行通信分为异步串行通信和同步串行通信两种方式。

51 单片机内部集成了一个全双工的异步串行通信接口（UART），该接口的波特率和帧格式可以编程设定。它有 4 种工作方式：方式 0、方式 1、方式 2、方式 3。

串口编程要善于利用 STC 的 ISP 工具。

实训项目

1. 计算机通过串口调试助手发送数据帧给单片机，单片机对数据帧作简单校验后返回给计算机。

2. 完成 PC 端通过串口调试助手软件向单片机串口发送数据，若数据为指定数据，则点亮 LED，否则熄灭。

第 11 章　温度计——DS18B20 温度传感器应用

教学目标

1. 通过本章的学习，使学生理解单总线（1 - Wire）串行总线通信协议。
2. 掌握基于单片机模拟单总线时序的程序设计方法。
3. 掌握基于单片机和 DS18B20 的应用系统开发。

重点内容

1. 1 - Wire 串行总线协议及其单片机驱动程序的编写。
2. 单片机与 DS18B20 的接口电路设计与应用程序开发。

DS18B20 是美国 MAXIM - DALLAS（达拉斯半导体公司）出产的一款数字温度传感器，其输出是数字信号。具有体积小，硬件开销低，抗干扰能力强，精度高的特点，因此具有广泛的应用。单片机可以通过单总线（1 - Wire）协议与 DS18B20 进行通信，最终将温度读出。

11.1　DS18B20 温度传感器介绍

11.1.1　DS18B20 主要特性

1) 独特的单线接口方式，DS18B20 在与微处理器（单片机）连接时，仅需要一条口线即可实现单片机与 DS18B20 的双向通信。

2) 测温范围广，测温范围为 -55 ~ +125℃，在 -10 ~ +85℃时精度为 ±0.5℃。

3) 支持多点组网功能，多个 DS18B20 可以并联在一起，最多只能并联 8 个，实现多点测温。如果数量过多，则会使供电电源电压过低，从而造成信号传输的不稳定。

4) 电压范围宽，工作电压范围为 3.0 ~ 5.5V（必要时可以在寄生电源方式下由数据线供电）。

5) 分辨率高，测量结果以 9 ~ 12 位数字量方式串行传送，分别对应精度为 0.5℃、0.25℃、0.125℃和 0.0625℃，最高精度为 0.0625℃。

6) 转换速度快，9 位分辨率时，最多在 93.75ms 内把温度值转换为数字量；12 位分辨率时，最多在 750ms 内把温度值转换为数字量。

7) 电路使用简单，在使用中不需要任何外围元件，全部传感元件及转换电路集成在形如一只晶体管的集成电路内，如图 11-1 所示。

8) 抗干扰能力强，测量结果直接以数字信号形式，通过单总线传输给单片机，同时可传输 CRC 校验码，具有极强的检错纠错能力。

9) 负压特性，电源极性接错时，芯片一般不会因发热而烧坏，但是不能正常工作。

a) DS18B20实物　　b) 3脚TO-92直插式封装　　c) 8脚表贴式封装

图 11-1　DS18B20 外形及引脚排列示意图

11.1.2　DS18B20 应用电路原理图

1. DS18B20 器件的封装

DS18B20 有两种封装形式，分别为 3 脚 TO - 92 直插式封装和 8 脚表贴式封装（SO（DS18B20Z），分别如图 11-1b、c 所示。其中 3 脚 TO - 92 直插式封装是最常用封装。TO - 92 直插式封装的 DS18B20 引脚定义如下：

1）GND 为电源地。

2）DQ 为单总线数字信号输入/输出端。

3）VDD 为外接供电电源输入端（接电源正极），在寄生电源接线方式时接地。

在实际应用中，DS18B20 传感器与单片机之间的连接电路图如图 11-2 所示，单片机的 P1.4 引脚连接 DS18B20 传感器的 DQ 引脚，通过 R11 连接到 VCC。

2. DS18B20 器件的供电方式

DS18B20 有两种供电方式：一是外部电源（VDD 引脚接外部电源）供电方式，二是寄生电源方式。无论是内部寄生电源还是外部供电，I/O 口线都要接5kΩ 左右的上拉电阻。

3. DS18B20 器件的内部关键结构

DS18B20 内部结构主要由五部分组成，分别为 64 位光刻

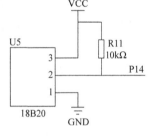

图 11-2　DS18B20 传感器与单片机连接电路图

ROM、高速缓存存储器 RAM、温度传感器、非挥发的温度报警触发器（TH 和 TL）以及配置寄存器等。DS18B20 内部结构示意图如图 11-3 所示。

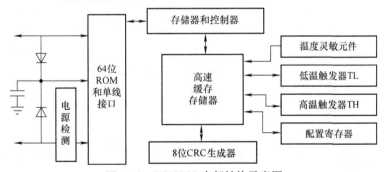

图 11-3　DS18B20 内部结构示意图

1）光刻 ROM 中的 64 位序列号是出厂前被光刻好的，它可以看作是该 DS18B20 的地址序列码。64 位光刻 ROM 的排列顺序是：开始 8 位（28H）是产品类型标号，接着的 48 位是该 DS18B20 自身的序列号，最后 8 位是前面 56 位的循环冗余校验码（CRC = X8 + X5 +

X4 +1）。光刻 ROM 的作用是使每一个 DS18B20 都各不相同，这样就可以实现一根总线上挂接多个 DS18B20 的目的。

2）DS18B20 的存储器包括高速缓存存储器 SRAM（本章以下称为高速缓存 RAM）和电可擦除 RAM（非易失性 EEPROM 存储器）。高速缓存 RAM 是由 9 个字节的存储器组成，其分配如表 11-1 所示。其中 Byte0 和 Byte1 中存放温度转换后的温度值的二进制补码。

表 11-1　DS18B20 的高速缓存 RAM

字节地址（序号）	寄存器内容	备份寄存器
Byte0	温度值低位（LSB）	
Byte1	温度值高位（MSB）	
Byte2	高温限值（TH）	EEPROM
Byte3	低温限值（TL）	EEPROM
Byte4	配置寄存器	EEPROM
Byte5	保留	
Byte6	保留	
Byte7	保留	
Byte8	CRC 校验	

EEPROM 存储器存放高温度触发器 TH 和低温度触发器 TL 及配置寄存器。配置寄存器的结构如表 11-2 所示。其中，TM 是测试模式位，用于设置 DS18B20 处于工作模式（0），还是测试模式（1）。出厂时默认设置为"0"，用户请勿改动。R1 和 R0 用来设置分辨率，出厂时默认 12 位，实际应用时可根据需要更改分辨率，如表 11-3 所示。

表 11-2　配置寄存器结构

TM	R1	R0	1	1	1	1	1

表 11-3　温度分辨率设置与转换时间

R1	R0	分辨率/bit	温度最大转换时间/ms
0	0	9	93.75
0	1	10	187.5
1	0	11	375
1	1	12	750

3）DS18B20 中的温度传感器可完成对温度的测量，测得的温度转换成 16 位二进制数（补码形式）存至内部高速缓存 RAM 的 Byte0 和 Byte1 中，参见表 11-1 说明。以 12 位精度为例，温度转换后得到的 12 位数据，存储在高速缓存 RAM 的 Byte0 和 Byte1 中，如表 11-4 所示，以 0.0625℃/LSB 形式表达，其中 S 为符号位。

表 11-4　DS18B20 温度值格式表

Byte0	位	B7	B6	B5	B4	B3	B2	B1	B0
	LSB	2^3	2^2	2^1	2^0	2^{-1}	2^{-2}	2^{-3}	2^{-4}
Byte1	位	B15	B14	B13	B12	B11	B10	B9	B8
	MSB	S	S	S	S	S	2^6	2^5	2^4

二进制中的前面 5 位是符号位，如果测得的温度大于 0，则这 5 位全为 0，只要将测到的数值乘以 0.0625 即可得到实际温度，例如 +125℃的数字输出为 07D0H，+25.0625℃的数字输出为 0191H；如果温度小于 0，则这 5 位全为 1，测到的数值需要先进行求补运算（符号位除外，数值位取反加 1）再乘以 0.0625 即可得到实际温度，例如 -25.0625℃的数字输出为 FE6FH，-55℃的数字输出为 FC90H。DS18B20 温度数据表如表 11-5 所示。

表 11-5 DS18B20 温度数据表

温度/℃	数字量输出（二进制）	数字量输出（十六进制）
+125	0000 0111 1101 0000	07D0H
+85	0000 0101 0101 0000	0550H
+25.0625	0000 0001 1001 0001	0191H
+10.125	0000 0000 1010 0010	00A2H
+0.5	0000 0000 0000 1000	0008H
0	0000 0000 0000 0000	0000H
-0.5	1111 1111 1111 1000	FFF8H
-10.125	1111 1111 0101 1110	FF5EH
-25.0625	1111 1110 0110 1111	FE6FH
-55	1111 1100 1001 0000	FC90H

11.2 DS18B20 工作原理

11.2.1 DS18B20 的通信协议

DS18B20 温度传感器与单片机通过单总线（One - Wire）协议进行通信。所有单总线器件都要遵循严格的单总线通信协议，以保证数据的完整性。单总线协议是由达拉斯半导体公司推出的一项通信技术。它采用单根信号线，既可传输时钟，又能传输数据，而且数据传输是双向的。一般应用时，常以单片机作为主控制器（主机），一个或多个 DS18B20 温度传感器作为从机，通过单总线协议实现数据的双向通信。下面将以 DS18B20 温度传感器为例介绍单总线协议的时序。

1. 初始化

初始化过程 = 复位脉冲 + 从机应答脉冲

主机通过拉低单总线 480 ~ 960μs 产生复位脉冲，然后释放总线，进入接收模式。主机释放总线时，会产生低电平跳变为高电平的上升沿。单总线器件检测到上升沿之后延时 15 ~ 60μs，然后以拉低总线 60 ~ 240μs 来产生应答脉冲。主机接收到从机的应答脉冲说明单总线器件就绪，初始化过程完成。初始化时序如图 11-4 所示。

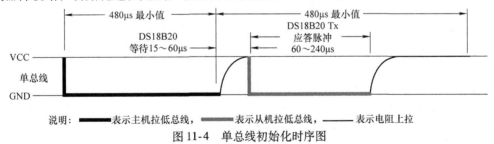

说明：▬▬ 表示主机拉低总线，▬▬ 表示从机拉低总线，▬▬ 表示电阻上拉
图 11-4 单总线初始化时序图

初始化时序分析：

1）先将数据线置高电平 "1"。

2）延时 2μs。

3）主机将数据线拉到低电平 "0"。

4）延时 750μs（480 ~ 960μs 之间）。

5）上拉电阻将数据线拉到高电平"1"。

6）延时等待（如果初始化成功则在 15~60μs 时间之内产生一个由 DS18B20 产生的低电平"0"）。

7）若 CPU 读到了数据线上的低电平"0"后，则还要做一定的延时。

8）将数据线再次拉高到高电平"1"后结束。

初始化 DS18B20 的 C 语言驱动程序如下：

```
//单总线延时函数
void Delay_OneWire(unsigned int t)        //STC89C52RC
{
    while(t--);
}
                                          //DS18B20 带有返回值的初始化程序
bit init_ds18b20(void)
{
    bit initflag = 0;
    DQ = 1;
    Delay_OneWire(12);
    DQ = 0;
    Delay_OneWire(80);                    //延时时间取 480~960μs 中间某个值
    DQ = 1;
    Delay_OneWire(10);
    initflag = DQ;                        // initflag = 0 则初始化成功
    Delay_OneWire(5);
    return initflag;
}
```

2. 写数据操作

写数据时序包括写"0"时序和写"1"时序。在每一个写时序中，总线只能传输 1 位二进制数据。注意：所有的读、写时序至少需要 60μs，并且每两个独立的时序之间至少需要 1μs 的恢复时间。读、写时序均始于主机（单片机）将总线拉低。写一个时序的周期最少为 60μs，最长不超过 120μs。

当数据线被拉低后，在 15~60μs 的时间内从机对数据线进行采样。如果数据线为低电平，就是写"0"，如果数据线为高电平，就是写"1"。主机要产生一个写"1"时序，就必须把数据线拉低，在写时序开始后的 15μs 内允许数据线被电阻拉高。主机要产生一个写"0"时序，就必须把数据线拉低并保持 60μs。写数据时序图如图 11-5 所示。

写数据时序分析：

1）主机先将数据线置低电平"0"。

2）延时确定的时间为 15μs。

3）按从低位到高位的顺序发送字节（一次只发送一位）。

4）延时时间为 45μs。

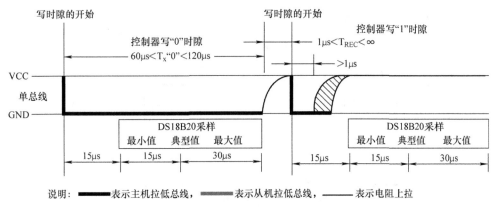

图 11-5 单总线写数据时序图

5）电阻将数据线拉到高电平 "1"。

当主机要向 DS18B20 发送一个字节时，只需重复以上操作，直到整个字节全部发送完为止，最后由上拉电阻将数据线拉高。

向 DS18B20 发送一个字节的 C 语言驱动程序如下：

```
//通过单总线向 DS18B20 写一个字节
void Write_DS18B20(unsigned char dat)
{
    unsigned char i;
    for(i = 0;i < 8;i + + )
    {
        DQ = 0;
        DQ = dat&0x01;
        Delay_OneWire(5);
        DQ = 1;
        dat > > = 1;
    }
    Delay_OneWire(5);
}
```

3. 读数据操作

对于读数据操作时序也分为读 "0" 时序和读 "1" 时序两个过程。读时序是从主机把单总线拉低之后，在 1μs 之后就要释放单总线为高电平，以让 DS18B20 把数据传输到单总线上。DS18B20 在检测到总线被拉低 1μs 后，便开始送出数据，若是要送出 "0"，就把总线拉为低电平直到读周期结束；若要送出 "1"，则释放总线为高电平。主机在一开始拉低总线 1μs 后释放总线，然后在包括前面的拉低总线电平 1μs 在内的 15μs 时间内完成对总线进行采样检测，采样期内总线为低电平则确认为 "0"；采样期内总线为高电平则确认为 "1"。完成一个读时序过程至少需要 60μs，读数据时序图如图 11-6 所示。

读数据时序分析：

1）将数据线拉高 "1"。

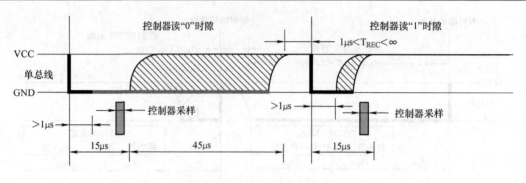

图 11-6　单总线读数据时序图

2）延时 2μs。

3）将数据线拉低 "0"。

4）延时 3μs。

5）将数据线拉高 "1"。

6）延时 5μs。

7）读数据线的状态得到 1 个状态位，并进行数据处理。

8）延时 60μs。

重复以上 1）到 5）的操作，直到读完整个字节。

从 DS18B20 读取一个字节的 C 语言驱动程序如下：

```
//从 DS18B20 读取一个字节
unsigned char Read_ DS18B20（void）
{
    unsigned char i;
    unsigned char dat;
    for（i = 0；i < 8；i + +）
      {
        DQ = 0；
        dat > > = 1；
        DQ = 1；                    //准备读取总线上数据
        if（DQ）
          {
            dat | = 0x80；
          }
        Delay_ OneWire（5）；
      }
    return dat；
}
```

11.2.2 DS18B20 单总线通信过程

根据 DS18B20 的单总线通信协议，主机（单片机）控制 DS18B20 完成温度转换必须经过三个步骤：①初始化；②ROM 指令操作；③RAM 指令操作。具体过程说明如下：

1. 初始化

基于单总线上的所有传输过程都是以初始化开始的，初始化过程由主机发出的复位脉冲和从机响应的应答脉冲组成。应答脉冲使主机知道，总线上有从机设备，且准备就绪。

2. ROM 指令和 RAM 指令操作

在主机检测到应答脉冲后，就可以发出 ROM 命令。和 IIC 的寻址类似，1 - Wire 总线上也可以挂多个 DS18B20。这些 ROM 命令允许主机能够检测到总线上有多少个从机设备以及其设备类型，或者有没有设备处于报警状态。从机设备可以支持 5 种 ROM 命令（实际情况与具体型号有关），每种命令长度为 8 位。主机在发出功能命令之前，必须送出合适的 ROM 命令。ROM 命令表如表 11-6 所示。

表 11-6 DS18B20 的 ROM 命令

指令	约定代码	功能
读 ROM	33H	读 DS18B20 温度传感器 ROM 中的编码（即 64 位地址）
符合 ROM	55H	发出此命令之后，接着发出 64 位 ROM 编码，访问单总线上与该编码相对应的 DS1820 使之做出响应，为下一步对该 DS18B20 的读写做准备
搜索 ROM	0F0H	用于确定挂接在同一总线上 DS18B20 的个数和识别 64 位 ROM 地址。为操作各器件作好准备
跳过 ROM	0CCH	忽略 64 位 ROM 地址，直接向 DS18B20 发温度变换命令。适用于单片工作。
告警搜索命令	0ECH	执行后只有温度超过设定值上限或下限的片子才做出响应

这些 ROM 指令相对来说比较复杂，而且应用很少，所以这里只介绍一条总线上只接一个 DS18B20 的指令和程序。这时只要使用跳越 ROM 命令（0CCH），就可以进行 RAM 指令表中的温度转换和温度读取等操作。RAM 命令表如表 11-7 所示。

表 11-7 DS18B20 的 RAM 命令

指令	约定代码	功能
温度变换	44H	启动 DS18B20 进行温度转换，12 位转换时最长为 750ms（9 位为 93.75ms），结果存入内部 9 字节 RAM 中
读暂存器	0BEH	读内部 RAM 中 9 字节的内容
写暂存器	4EH	发出分别向内部 RAM 第 2、3、4 字节写上、下限温度数据和配置寄存器命令，紧跟该命令之后便传送 3 字节的数据
复制暂存器	48H	将 RAM 中第 2、3、4 字节的内容复制到 EEPROM 中
重调 E^2PROM	0B8H	将 E^2PROM 中的内容恢复到 RAM 中的第 2、3、4 字节
读供电方式	0B4H	读 DS18B20 的供电模式：寄生供电时 DS18B20 发送 "0"；外接电源供电时 DS18B20 发送 "1"

11. 3　DS18B20 应用实例

11. 3. 1　DS18B20 的测温与显示——整数显示

1. 程序说明

1）通过数码管动态显示实时温度数据。

2）DS18B20 数据线引脚 DQ 与单片机 P1. 4 引脚连接。

3）测量精度为 1℃。

2. 相关程序流程图

该实例仅是一主一从（即一条总线上只接一个 DS18B20）的应用情况，涉及的主要流程图有：DS18B20 初始化、DS18B20 温度采集以及主程序流程图，分别如图 11-7a、b、c 所示。

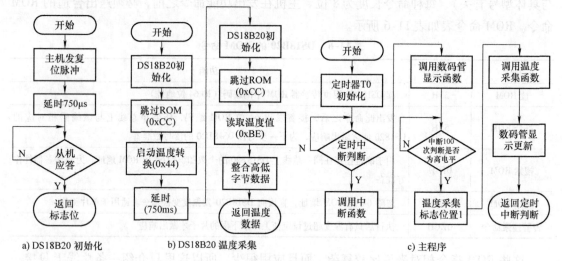

a) DS18B20 初始化　　　　b) DS18B20 温度采集　　　　　　　c) 主程序

图 11-7　本实例主要的程序流程图

3. 本实例的参考程序

```
/ ***********************************************************
*  程序说明:1. 通过数码管显示实时温度数据
*           2. DS18B20 数据线引脚 DQ 与单片机 P1. 4 引脚连接
*           3. 测量精度为 1℃
*           4. 数码管驱动函数采用 IO 方式编写
*  日期版本:2018 - 6 - 20/V1.0
*  ********************************************************* /
/ *************onewire. c ************ /
#include " reg52. h"
sbit DQ = P1^4;
//单总线延时函数
void Delay_OneWire( unsigned int t )              //1T
```

```c
{
    unsigned char i;
    while( t - - ){
        for( i = 0 ; i < 12 ; i + + ) ;
    }
}
//通过单总线向 DS18B20 写一个字节
void Write_DS18B20( unsigned char dat )
{
    unsigned char i;
    for( i = 0 ; i < 8 ; i + + )
    {
        DQ = 0 ;
        DQ = dat&0x01 ;
        Delay_OneWire( 5 ) ;
        DQ = 1 ;
        dat  > > = 1 ;
    }
    Delay_OneWire( 5 ) ;
}
//从 DS18B20 读取一个字节
unsigned char Read_DS18B20( void )
{
    unsigned char i;
    unsigned char dat;
    for( i = 0 ; i < 8 ; i + + )
    {
        DQ = 0 ;
        dat  > > = 1 ;
        DQ = 1 ;
        if( DQ )
        {
            dat | = 0x80 ;
        }
        Delay_OneWire( 5 ) ;
    }
    return dat;
}
//DS18B20 初始化
```

```c
bit init_ds18b20(void)
{
    bit initflag = 0;
    DQ = 1;
    Delay_OneWire(12);
    DQ = 0;
    Delay_OneWire(80);                    // 延时大于480μs
    DQ = 1;
    Delay_OneWire(10);                    // 大于60μs
    initflag = DQ;
    Delay_OneWire(5);
    return initflag;
}
//DS18B20 温度采集程序:整数
unsigned char rd_temperature(void)
{
    unsigned char low,high;
    char temp;
    init_ds18b20();                       //单总线初始化
    Write_DS18B20(0xCC);                  //跳过 ROM
    Write_DS18B20(0x44);                  //启动温度转换
    Delay_OneWire(200);                   //延时
    init_ds18b20();                       //单总线初始化
    Write_DS18B20(0xCC);                  //跳过 ROM
    Write_DS18B20(0xBE);                  //读寄存器
    low = Read_DS18B20();                 //读温度数据
    high = Read_DS18B20();                //读温度数据
    temp = high << 4;                     //数据处理
    temp |= (low >> 4);                   //数据处理
    return temp;
}
/ ************显示实时温度数据 ************/
#include "reg52.h"                        //定义 51 单片机特殊功能寄存器
#include "onewire.h"                      //单总线函数库
#include "absacc.h"
unsigned char dspbuf[8] = {10,10,10,10,10,10,0,0};   //显示缓冲区
unsigned char dspcom = 0;
unsigned char intr;
bit temper_flag = 0;                      //温度读取标志
```

```
code unsigned char tab[] = {0xc0,0xf9,0xa4,0xb0,0x99,0x92,0x82,0xf8,0x80,0x90,0xff};
                                                    //共阳极数码管段码
void display(void);
void main(void)                                     //主函数
{
    unsigned char temperature;
    TMOD |= 0x01;                                   //配置定时器工作模式
    TH0 = (65536 - 2000)/256;
    TL0 = (65536 - 2000)%256;
    EA = 1;
    ET0 = 1;                                        //打开定时器中断
    TR0 = 1;                                        //启动定时器
    while(1)
    {
        if(temper_flag)
        {
            temper_flag = 0;
            temperature = rd_temperature();
        }
        //更新显示温度值
        dspbuf[6] = temperature/10;
        dspbuf[7] = temperature%10;
    }
}
//定时器中断服务函数
void isr_timer_0(void)    interrupt 1               //默认中断优先级 1
{
    TH0 = (65536 - 2000)/256;
    TL0 = (65536 - 2000)%256;                       //定时器重载
    display();                                      //2ms 执行一次
    if(++intr == 100)
    {
        intr = 0;
        temper_flag = 1;                            //200ms 温度读取标志位置 1
    }
}
//显示函数
void display(void)
{
    P2 = ((P2&0x1f)|0xE0);
```

```
P0 = 0xff;
P2 & = 0x1f;
P2 = ((P2&0x1f)|0xC0);
P0 = 1 < < dspcom;
P2 & = 0x1f;
P2 = ((P2&0x1f)|0xE0);
P0 = tab[dspbuf[dspcom]];
P2 & = 0x1f;
if( + + dspcom = = 8){
    dspcom = 4;
}
}
```

4. 本实例的调试结果

将程序下载到开发板中，可看到如图 11-8 所示的显示效果，所显示即为当时的环境温度。

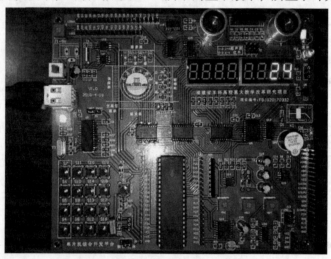

图 11-8　本实例的调试结果——整数显示

11.3.2　DS18B20 的测温与显示——带 1 位小数显示

该例程与 DS18B20 温度值的整数显示工作原理相同，程序流程图也一致。只要在 DS18B20 温度采集程序中，单片机读取 DS18B20RAM 中 Byte0 和 Byte1 的数据之后做适当数据处理即可获得。然后在数码管显示中增加小数点的显示控制即可。

本实例的部分参考程序如下：

```
/ *********************************************************************
*  程序说明：1. 测量精度为 0.1℃
*            2. 数码管驱动函数采用 IO 方式编写
*  日期版本：2018 – 6 – 20/V1.0
*********************************************************************/
//DS18B20 温度采集程序:1 位小数
uint rd_temperature( void)
```

```
{
    uchar low,high;
    uint temp;
    init_ds18b20();
    Write_DS18B20(0xCC);
    Write_DS18B20(0x44);
    Delay_OneWire(400);
    init_ds18b20();
    Write_DS18B20(0xCC);
    Write_DS18B20(0xBE);
    low = Read_DS18B20();
    high = Read_DS18B20();
    temp = high;
    temp < < = 8;
    temp| = low;
    temp = temp * (0.625);
    return temp;
}
//显示函数
void display(void)
{
    P2 = ((P2&0x1f)|0xE0);
    P0 = 0xff;
    P2 & = 0x1f;
    P2 = ((P2&0x1f)|0xC0);
    P0 = 1 < <dspcom;
    P2 & = 0x1f;
    P2 = ((P2&0x1f)|0xE0);
    if(dspcom = =6)
    {
        P0 = tab[dspbuf[dspcom]]&0x7f;
    }
    else
        P0 = tab[dspbuf[dspcom]];
        P2 & = 0x1f;
    if( + +dspcom = =8){
        dspcom =5;
    }
}
```

将修改后的程序下载到开发板中，可看到如图 11-9 所示的显示效果，所显示即为当时的环境温度。

图 11-9   本实例的调试结果——带一位小数显示

本章小结

DS18B20 是美国 MAXIM – DALLAS（达拉斯半导体公司）出产的一款数字温度传感器，其输出是数字信号。DS18B20 工作时有两种供电方式：一是外部电源（VDD 引脚接外部电源）供电方式，二是寄生电源方式。无论是内部寄生电源还是外部供电，I/O 口线都要接 5kΩ 左右的上拉电阻。

单片机可以通过单总线（1 – Wire）协议与 DS18B20 进行通信，最终将温度读出。单总线协议是由达拉斯半导体公司推出的一项通信技术。它采用单根信号线，既可传输时钟，又能传输数据，而且数据传输是双向的。一般应用时，常以单片机作为主控制器（主机），一个或多个 DS18B20 温度传感器作为从机，通过单总线协议实现数据的双向通信。主机（单片机）控制 DS18B20 完成温度转换必须经过三个步骤：①初始化；②ROM 指令操作；③RAM指令操作。

基于单总线上的所有传输过程都是以初始化开始的，初始化过程由主机发出的复位脉冲和从机响应的应答脉冲组成。在主机检测到应答脉冲后，就可以发出 ROM 命令。本章只介绍一条总线上只接一个 DS18B20 的应用情况。这时只要使用跳越 ROM 命令（0CCH），就可以进行 RAM 指令表中的温度转换和温度读取等操作。单片机读取 DS18B20RAM 中 Byte0 和 Byte1 的数据之后，做适当数据处理即可通过数码管或者 LCD 进行显示。

实训项目

1. 请编程实现通过 DS18B20 检测 0℃ 以下的环境温度值并通过数码管进行显示。
2. 请编程实现 DS18B20 的实时测温并且通过数码管实现小数点后两位的显示要求。
3. 请编程实现 DS18B20 的实时测温并且通过 LCD 进行温度显示。

第 12 章　记录开机次数——IIC 总线与 EEPROM（AT24C02）应用

教学目标

1. 通过本章的学习，使学生理解 IIC 总线通信协议。

2. 掌握 IIC 总线的程序设计方法。

3. 掌握基于单片机和 AT24C02 的应用系统开发。

重点内容

1. IIC 总线协议及其单片机驱动程序的编写。

2. 单片机与 AT24C02 的接口电路设计与应用程序开发。

第 10 章学习了一种通信协议叫 UART 异步串行通信，本章学习另一种通信协议 IIC（也常写作 I²C）。IIC 总线是由 PHILIPS 公司开发的两线式串行总线，多用于连接微处理器及其外围芯片。IIC 总线的主要特点是接口方式简单，两条线可以挂多个通信的器件，即多机模式，而且任何一个器件都可以作为主机，当然同一时刻只能有一个主机。

UART 与 IIC 的区别：

UART 属于异步通信，没有共同的时钟线，比如计算机发送给单片机，计算机只负责把数据通过 TXD 发送出来即可。而 IIC 属于同步通信，有共同的时钟线，SCL 时钟线负责收发双方的时钟节拍，SDA 数据线负责传输数据。IIC 的发送方和接收方都以 SCL 这个时钟节拍为基准进行数据的发送和接收。

12.1　IIC 总线基础

1. IIC 总线介绍

IIC 是 PHILIPS 公司推出的一种串行总线，用于连接微控制器及其外设。目前许多接口器件采用 IIC 总线接口。如 AT24C 系列 EEPROM（或写作 E²PROM）器件、LED 驱动器 SAA1064 等。

IIC 总线只有两根双向信号线。一根是数据线 SDA，另一根是时钟线 SCL。所有连接到 IIC 总线上的器件的数据线都接到 SDA 线上，各器件的时钟线都接到 SCL 线上。IIC 总线的基本架构如图 12-1 所示。

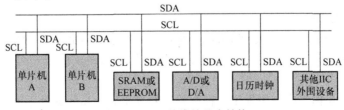

图 12-1　IIC 总线的基本结构

IIC 总线是开漏引脚并联的结构，因此外部要添加上拉电阻，如图 12-2 所示。对于开漏电路外部加上接电阻，就组成了线"与"的关系。总线上线"与"的关系就是说，所有接入的器件保持高电平，这条线才是高电平，而任何一个器件输出一个低电平，那这条线就会保持低电平，因此任何一个器件都可以拉低电平，也就是任何一个器件都可以作主机。

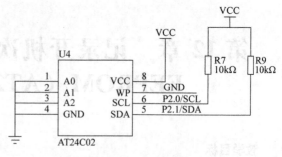

图 12-2　上拉电阻

虽然说任何一个设备都可以作为主机，但绝大多数情况下都是用单片机来做主机，而总线上挂的多个器件，每一个都像电话机一样有自己唯一的地址，在信息传输的过程中，通过唯一的地址就可以正常识别到自己的信息。在开发板中，挂接了 2 个 IIC 设备，一个是 AT24C02，一个是 PCF8591。

2. IIC 总线的特点

（1）采用 2 线制，器件引脚少，器件间连接简单，电路板体积小，可靠性高。

（2）传输速率高。标准模式传输速率为 100kbit/s，快速模式为 400kbit/s，高速模式为 3.4Mbit/s。

（3）支持主/从和多主两种工作方式。

3. IIC 总线的数据传输（IIC 的时序）

在 IIC 总线上，每一位数据位的传输都与时钟脉冲相对应。逻辑"0"和逻辑"1"的信号电平取决于相应的电源 VCC。

数据传输时，SCL 为高电平期间，SDA 的数据必须保持稳定，在 SCL 为低电平期间，SDA 上的电平状态才允许变化。数据传输时序如图 12-3 所示。

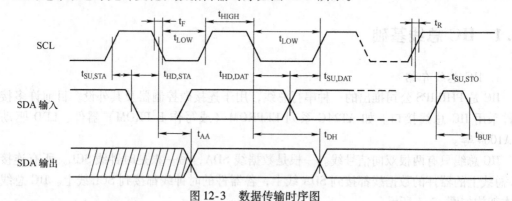

图 12-3　数据传输时序图

4. 起始和终止信号

IIC 总线规定，SCL 线为高电平期间，SDA 线由高电平向低电平的变化表示起始信号；SCL 为高电平期间，SDA 线由低电平向高电平的变化表示终止信号。起始和终止信号如图 12-4 所示。

起始信号和终止信号由主机发出。在起始信号发出后，总线就处于被占用的状态；在终止信号发出后，总线就处于空闲状态。

5. 字节传送与应答

数据传输字节数没有限制。但每个字节必须是 8 位长度。先传最高位（MSB），每个被传输的字节后面都要跟随应答位（即一帧共有 9 位），如图 12-5 所示。

如果从器件进行了应答，但在数据传输一段时间后无法继续接收更多的数据时，从器件可以通过对无法接收的第一个数据字节的"非应答"通知主机，主机则应发出终止信号以结束数据的继续传输。

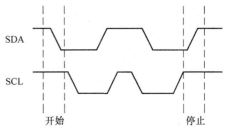

图 12-4　起始和终止信号

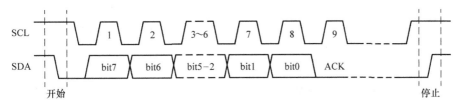

图 12-5　字节传输与应答

当主机接收数据时，它收到最后一个数据字节后，必须向从器件发出一个结束传输的"非应答"信号。然后从器件释放 SDA 线，以允许主机产生终止信号。

12.2　IIC 寻址模式

上一节介绍的是 IIC 每一位信号的时序流程，而 IIC 通信在字节级的传输中也有固定的时序要求。IIC 通信的起始信号后，首先要发送一个从机的地址，这个地址一共有 7 位，紧跟着的第 8 位是数据方向位（R/W），"0"表示接下来要发送数据（写），"1"表示接下来是请求数据（读）。

如打电话的时候，当拨通电话，接听方拿起电话肯定要回一个"喂"，这就告诉拨电话的人，这边有人了。同理，这个第 9 位 ACK 实际上起到的就是这样一个作用。当发送完了这 7 个地址和 1 个方向后，如果发送的这个地址确实存在，那么这个地址的器件应该回应一个 ACK（接低电平 SDA 即输出"0"），如果不存在，就没人回应 ACK（SDA 将保持高电平"1"）。

开发板上的 EEPROM 器件 AT24C02 的资料可以查数据手册获得。AT24C02 的引脚图如图 12-6 所示，器件地址如图 12-7 所示。

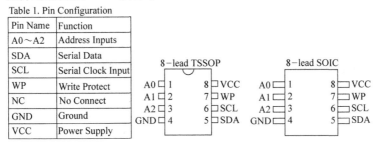

图 12-6　AT24C02 引脚图

AT24C02 的器件地址高 4 位是固定的，为 1010B，而低三位的地址取决于器件具体电路的设计，由器件的 A0、A1、A2 这 3 个引脚的电平决定。如图 12-8 所示，AT24C02 的 A0、A1、A2 三个引脚接 GND（数字 "0"），因此，写数据时：AT24C02 的地址为 1010 0000B（0xA0）；读数据时，AT24C02 的地址为 1010 0001B（0xA1）。

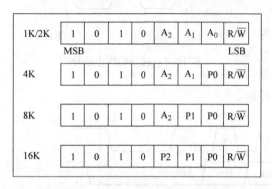

图 12-7 AT24C02/04/08/16 器件地址

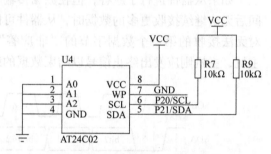

图 12-8 AT24C02 电路连接图

12.3 IIC 总线时序模拟

对于没有配置 IIC 总线接口的单片机，可以利用并行 I/O 口线模拟 IIC 总线接口的时序。

```
/**定义 IIC 总线时钟线和数据线 */
sbit scl = P2^0;
sbit sda = P2^1;
#define DELAY_TIME 5
```

1. 起始信号

```
/**
* @brief 产生 IIC 总线启动条件
*/
void IIC_start(void)
{
    sda = 1;
    scl = 1;
    IIC_delay(DELAY_TIME);
    sda = 0;
    IIC_delay(DELAY_TIME);
    scl = 0;
}
```

2. 终止信号

```
/**
```

```
 *  @brief 产生 IIC 总线停止条件
 */
void IIC_stop(void)
{
    sda = 0;
    scl = 1;
    IIC_delay(DELAY_TIME);
    sda = 1;
    IIC_delay(DELAY_TIME);
}
```

3. 发送一个字节的数据

```
/**
 *  @brief IIC 发送一个字节的数据
 *  @param[in] byt  - 待发送的字节
 *  @return none
 */
void IIC_sendbyte(unsigned char byt)
{
    unsigned char i;
;
    for(i = 0; i < 8; i + +){
        scl = 0;
        IIC_delay(DELAY_TIME);
        if(byt & 0x80){
            sda = 1;
        }
        else{
            sda = 0;
        }
        IIC_delay(DELAY_TIME);
        scl = 1;
        byt < < = 1;
        IIC_delay(DELAY_TIME);
    }
    scl = 0;
}
```

4. 接收一个字节数据

```
/**
 *  @brief IIC 接收一个字节数据
```

```
 * @ param[in] none
 * @ param[out] da
 * @ return da － 从 IIC 总线上接收到的数据
 */
unsigned char IIC_receivebyte(void)
{
    unsigned char da;
    unsigned char i;
    EA = 0;
    for(i = 0;i < 8;i + + ){
        scl = 1;
        IIC_delay(DELAY_TIME);
        da < < = 1;
        if(sda)
            da | = 0x01;
        scl = 0;
        IIC_delay(DELAY_TIME);
    }
    EA = 1;
    return da;
}
```

5. 等待应答

```
/**
 * @ brief 等待应答
 *
 * @ param[in] none
 * @ param[out] none
 * @ return none
 */
unsigned char IIC_waitack(void)
{
    unsigned char ackbit;

    scl = 1;
    IIC_delay(DELAY_TIME);
    ackbit = sda; //while(sda);   //wait ack
    scl = 0;
    IIC_delay(DELAY_TIME);
```

```
    return ackbit;
}
```

6. 发送应答

```
/**
 * @brief 发送应答
 *
 * @param[in] ackbit - 设定是否发送应答
 * @return - none
 */
void IIC_sendack(unsigned char ackbit)
{
    scl = 0;
    sda = ackbit;    //0:发送应答信号;1:发送非应答信号
    IIC_delay(DELAY_TIME);
    scl = 1;
    IIC_delay(DELAY_TIME);
    scl = 0;
    sda = 1;
    IIC_delay(DELAY_TIME);
}
```

12.4　AT24C02 操作（写和读操作）

查 AT24C02 数据手册，可知其读写操作时序如下：

1. 写数据流程（如图 12-9 所示）

1）首先是 IIC 的起始信号。

2）接着跟上首字节，也就是 IIC 的器件地址，并且在读写方向上选择"写"操作，地址为 0XA0。

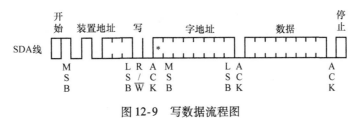

图 12-9　写数据流程图

3）等待应答。

4）发送数据的存储地址。AT24C02 一共 256 个字节的存储空间，地址从 0x00 - 0xff，想把数据存储在哪个位置上，写的就是哪个地址。

5）等待应答。

6）发送要存储的数据。

7）等待应答。

8）终止信号。

写操作程序如下：

```
void write_eeprom( unsigned char add, unsigned char val)
{

    IIC_Start( );
    IIC_SendByte( 0xa0);
    IIC_WaitAck( );
    IIC_SendByte( add);
    IIC_WaitAck( );
    IIC_SendByte( val);
    IIC_WaitAck( );
    IIC_Stop( );

}
```

2. 读数据流程（如图 12-10 所示）

1）首先是 IIC 的起始信号。

2）发送器件地址（此时涉及的是写命令到器件，所以方向位还是选择 0），地址为 0XA0。

3）等待应答。

4）发送要读取的数据地址。

5）等待应答。

6）IIC 起始信号。

7）发送器件地址（此时方向位还是选择读操作 1），地址为 0XA1。

8）等待应答。

9）读取数据。

10）等待应答。

11）终止信号。

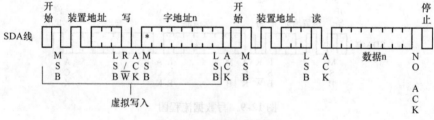

图 12-10　读数据流程图

(∗ = DON'T CARE bit for 1K)

读操作程序如下：

```
unsigned char read_eeprom( unsigned char add)
{
```

```
    unsigned char value;
    IIC_Start();
    IIC_SendByte(0xa0);
    IIC_WaitAck();
    IIC_SendByte(add);
    IIC_WaitAck();

    IIC_Start();
    IIC_SendByte(0xa1);
    IIC_WaitAck();

    value = IIC_RecByte();
    IIC_WaitAck();
    IIC_Stop();
    return value;
}
```

12.5　记录开机次数实现

该项目实现功能：每次开发板重新上电，读取 AT24C02 的 0x00 地址的数据，再将该数据的值加 1，然后再写入到 0x00 地址，从而实现开机的次数。

程序如下：

```
#include  <reg52. h >
#include "iic. h"
#include "absacc. h"

code unsigned char tab[] = { 0xc0,0xf9,0xa4,0xb0,0x99,0x92,0x82,0xf8,0x80,0x90,0xff};
unsigned char dspbuf[8] = {10,10,10,10,10,10,10,10};
unsigned char count = 0;
unsigned char ms = 0;
unsigned char dspcom = 0;
char num = 0;
void cls_beep();
void cls_led();
void init();
void display(void);
unsigned char read_eeprom(unsigned char add);
void write_eeprom(unsigned char add,unsigned char val);
void write_delay(unsigned char t);
```

```
void main( ) {
    cls_beep( );
    cls_led( );
    init( );
    num = read_eeprom(0x00);
    num + + ;
    write_delay(10);
    write_eeprom(0x00,num);
    write_delay(10);
    EA = 1;
    while(1) {
        dspbuf[7] = num;
    }
}
void init( ) {

    TMOD = 0x01;    //设置定时器模式
    TL0 = 0x18;
    TH0 = 0xFC;
    TR0 = 1;
    EA = 1;
    ET0 = 1;
    TF0 = 0;
}
void cls_beep( ) {
    P2 = P2&0x1f|0xA0;
    P0 = 0X00;
    P2 = P2&0x1f;
}
void cls_led( ) {
    P2 = P2&0x1f|0x80;
    P0 = 0Xff;
    P2 = P2&0x1f;
}
void isr_timer_0(void) interrupt 1 {
    TL0 = 0x18;
    TH0 = 0xFC;
    display( );
}
```

```
void display(void){

    P0 = 0XFF;
    P2 = P2&0X1F|0XE0;
    P2 = P2&0X1F;

    P0 = 1 < <dspcom;
    P2 = P2&0X1F|0XC0;
    P2 = P2&0X1F;

    P0 = tab[dspbuf[dspcom]];
    P2 = P2&0X1F|0XE0;
    P2 = P2&0X1F;
    if( + + dspcom = = 8)
    {
        dspcom = 0;
    }
}
unsigned char read_eeprom(unsigned char add){
    unsigned char value;
    IIC_Start();
    IIC_SendByte(0xa0);
    IIC_WaitAck();
    IIC_SendByte(add);
    IIC_WaitAck();

    IIC_Start();
    IIC_SendByte(0xa1);
    IIC_WaitAck();

    value = IIC_RecByte();
    IIC_WaitAck();
    IIC_Stop();
    return value;
}
void write_eeprom(unsigned char add,unsigned char val){
    IIC_Start();
    IIC_SendByte(0xa0);
    IIC_WaitAck();
```

```
    IIC_SendByte(add);
    IIC_WaitAck();
    IIC_SendByte(val);
    IIC_WaitAck();
    IIC_Stop();
}
void write_delay(unsigned char t)        //10ms
{
    unsigned char i;

    while(t - -){
        for(i = 0; i < 112; i + +);
    }
}
```

运行结果图如图 12-11 所示。

a) 第二次上电

b) 第三次上电

图 12-11　程序运行结果图

本章小结

IIC 总线是具备多主机系统所需的包括总线裁决和高低速器件同步功能的高性能串行总线。它只有两根信号线，一根是双向的数据线 SDA，另一根是双向的时钟线 SCL。所有连接到 IIC 总线上的器件的串行数据都接到总线的 SDA 线上，而各器件的时钟均接到总线的 SCL 线上。

在实际应用中，多数单片机系统仍采用单主结构的形式，在主节点上可以采用不带 IIC 总线接口的单片机。这些单片机的普通 I/O 口完全可以完成 IIC 总线的主节点对 IIC 总线器件的读、写操作。

AT24C02 是一个 2k 位串行 CMOS E2PROM，内部含有 256 个 8 位字节，CATALYST 公司的先进 CMOS 技术实质上减少了器件的功耗。AT24C02 有一个 16 字节页写缓冲器。该器件通过 IIC 总线接口进行操作，有一个专门的写保护功能。

实训项目

编写程序实现以下功能要求：

（1）读取温度值并显示在数码管上；

（2）能够通过按键设置温度上下限；

（3）当温度不在上下限之内，声光报警；

（4）超出范围，温度值写入到 EEPROM 中；

（5）通过按键可以将温度从 EEPROM 中读出来显示。

读出IIC总线中的存储数据后，根据数据输出时钟SDA和SCL，的信号关系进行相应的处理读SCL，线上。

......（被遮挡的文字）

AT24C02是一个低电压，CMOS EEPROM，内部含有1 250个8位字节，CATALYST公司......

第13章 光照强度检测——A/D 与 D/A
（PCF8591 应用）

教学目标
1. 通过本章的学习，使学生理解 IIC 总线通信协议。
2. 掌握 IIC 总线的程序设计方法。
3. 掌握基于单片机和 PCF8591 的应用系统开发。

重点内容
1. IIC 总线协议及其单片机驱动程序的编写。
2. 单片机与 PCF8591 的接口电路设计与应用程序开发。

单片机是一个典型的数字系统。数字系统只能对输入的数字信号进行处理，其输出信号也是数字的。但是在工业检测系统和日常生活中的许多物理量都是模拟量，比如温度、长度、压力、速度、光照强度等。这些模拟量可以通过传感器变成与之对应的电压、电流等电模拟量。为了实现数字系统对这些模拟量的检测、运算和控制，就需要一个模拟量和数字量之间相互转换过程。本章将重点介绍 A/D 和 D/A。

13.1 A/D 和 D/A 的基本概念

A/D 是模拟量到数字量的转换，依靠的是模数转换器（Analog to Digital Converter, ADC）。D/A 是数字量到模拟量的转换，依靠的是数模转换器（Digital to Analog Converter, DAC）。它们的道理是一样的，只是转换方向不同，因此讲解过程主要以 A/D 为主。

什么是模拟量？就是指变量在一定范围内连续变化的量，也就是一定范围内可以取任意值。比如米尺，从 0 ~ 1m 之间，可以是任意值。什么是任意值，也就是可以是 1cm，也可以是 1.0001cm，当然也可以 10.0000……后面有无限个小数。总之任何两个数字之间都有无限个中间值，所以连续变化的量，称为模拟量。

而米尺上被人为地做上了刻度符号，每两个刻度之间的间隔是 1mm，这个刻度实际上就是我们对模拟量的数字化，由于有一定的间隔，不是连续的，所以专业的领域里称之为离散。ADC 就是起到把连续的信号用离散的数字表达出来的作用。

13.2 ADC 的主要指标

在选取和使用 ADC 的时候，依靠什么指标来判断很重要。由于 ADC 种类很多，分为积分型、逐次逼近型、并行/串行比较型等，指标也比较多，下面介绍几种主要的指标。

1. ADC 的位数

一个 n 位的 ADC 表示这个 ADC 共有 2 的 n 次方个刻度。8 位的 ADC 输出的是从 0 ~ 255

一共 256 个数字，也就是 2^8 个数据刻度。

2. 基准电压

基准电压是 ADC 的一个重要指标，要想把 ADC 的信号测量准确，那么基准电压首先要准，基准电压偏差会直接导致转换结果的偏差。比如 1m 的尺子，总长度本应该是 1m，假定这根米尺被火烤了一下，实际变成了 1.2m，再用这根米尺测物体长度的话，自然有了较大的偏差。假如基准电压是 5V，但是实际上提供的却是 4.5V，这样误把 4.5V 当成了 5V 来处理，偏差变大。

3. 分辨率

分辨率是数字量变化一个最小刻度时，模拟信号的变化量，定义为满刻度量程与 2^{n-1} 的比值。假定 5.10V 的电压系统，使用 8 位的 ADC 进行测量，那么相当于 0 ~ 255 一共 256 个刻度把 5.10V 平分 256 份，那么分辨率就是 5.10/256V = 0.02V。

4. 转换速率

转换速率是指 ADC 每秒能进行采样转换的最大次数，单位是 sps（samples per second），它与 ADC 完成一次从模拟到数字的转换所需要的时间互为倒数关系。积分型的 ADC 转换时间是毫秒级，属于低速 ADC；逐次逼近型 ADC 转换时间为微秒级，属于中速 ADC；并行/串行比较型的 ADC 的转换时间可达纳秒级，属于高速 ADC。

13.3 PCF8591 与单片机的接口

PCF8591 是一个单电源低功耗的 8 位 CMOS 数据采集器件，具有 4 路模拟输入，1 路模拟输出和一个串行 IIC 总线接口用来与单片机通信，与第 11 章介绍的 AT24C02 类似。PCF8591 的 ADC 是逐次逼近型，转换速率中速，但是它的转换速度取决于 IIC 的通信速度。由于 IIC 速度的限制，所以 PCF8591 算是一个低速设备，主要应用在一些转换速度要求不高，成本要求较低的场合，比如电池供电设备等。PCF8591 芯片引脚图如图 13-1 所示，开发板中 PCF8591 的外部电路连接图如图 13-2 所示。

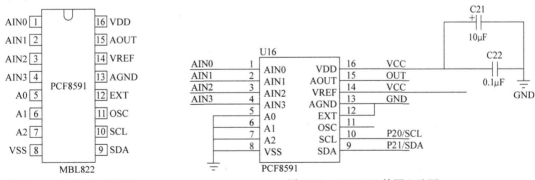

图 13-1　PCF8591 引脚图　　　　　图 13-2　PCF8591 外围电路图

从 PCF8591 原理图可以看出，其中引脚 1 ~ 4 是 4 路模拟输入，引脚 5 ~ 7 是 IIC 总线的硬件地址，引脚 8 是数字地 GND，引脚 9 和 10 是 IIC 总线的 SDA 和 SCL。引脚 12 是时钟选择引脚，如果接高电平表示用外部时钟输入，接低电平则用内部时钟。本电路引脚 12 接的是地，所以用的是内部时钟。引脚 11 悬空，引脚 13 是模拟地 AGND。如果没有复杂的模拟部分电路，可以把 AGND 和 GND 接到一起。引脚 14 是基准电压，引脚 15 是 DAC 的模拟输出，引脚 16 是供电电源 VCC。

Vref 基准电压的提供方法有两种方法。

方法一是采用简易的原则，直接接到 VCC，但由于 VCC 会受到整个线路的用电功耗情况影响，一来不一定在 5V，实测大多在 4.8V 左右，二来随着整个系统负载情况的变化会产生波动。所以只能用在简易的、对精度要求不高的场合。

方法二使用专门的基准电压器件，比如 TL431，它可以提供一个精度很高的 2.5V 的电压基准，这是通常采用的方法。

由于开发板上没有用在精度较高的场合，所以基准电压直接接到 VCC。值得注意的是，所有输入信号的电压值都不能超过 VCC（5V），否则有可能会损坏 ADC 芯片。

13.4　PCF8591 程序实现

PCF8591 的通信接口是 IIC，所以软件编程时要符合 IIC 协议。

从第 11 章知识可知，IIC 编程要编写起始信号、终止信号、应答信号、写字节、读字节等相关函数。为了方便管理与调用，在单片机编程过程尽量采用模块化编程思想。将 IIC 的起始信号、终止信号、应答信号、写字节、读字节等相关函数封装到 IIC.c 文件中，再定义 IIC.h 文件。在编写程序时，只需将 IIC.c 和 IIC.h 两个文件添加到工程中，另外在对应的 .c 文件中添加 IIC.h 文件即可调用对应函数。

起始信号、终止信号、应答信号、写数据、读数据等相关函数有了之后。重点要解决器件的地址、功能设置、读数据操作和写数据操作等。

1. 器件地址

查数据手册可知，PCF8591 的地址字节如图 13-3 所示。地址高四位是固定的 1001B，低三位 A2、A1、A0 跟电路图有关。从图中可知，A2、A1、A0 三个引脚均接地，也就是 000B，最后一位代表读写方向，0 代表写，1 代表读。读数据：1001 0001B（0x91）；写数据：1001 0000B（0x90）。

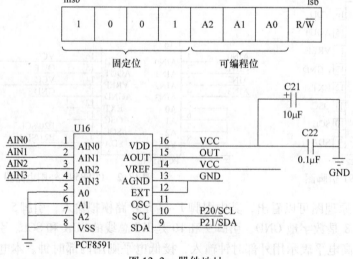

图 13-3　器件地址

2. 功能设置

PCF8591 器件有四路 A/D 通道和一路 D/A 通道。器件在某个时间段处 A/D 转换还是 D/A 转换？A/D 模式下，采样的又是哪个通道？采样模式是单端模式还是差分模式？这些功能怎么设置？

PCF8591 器件通过设置控制寄存器达到不同功能。PCF8591 的控制寄存器如图 13-4 所示。其中第 3 位和第 7 位是固定的，为 0，另外的 6 位设置不同的功能。

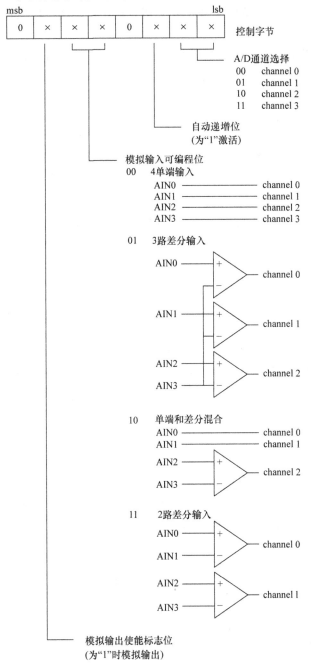

图 13-4　PCF8591 的控制寄存器

第6位：D/A 使能位。这个位置1，表示 D/A 输出使能，会产生模块电压输出功能。置0代表 A/D 功能。

第5、4位：设置4路模拟输入是单端模式或差分模式。置00时，代表单端模式，01、10、11时对应不同的差分模式。

第2位：自动增量控制位。其含义是：比如一共4个通道，当全部使用时，读完通道0的数据后，下一次再读，会自动进入通道1进行读取，不需要指定下一个通道。由于 A/D 每次读到的数据，都是上一次的转换结果，所以在使用自动增量功能时，要注意当前读的是上一通道的值。

第1、0位：通道选择位。00—通道0，01—通道1，10—通道2，11—通道3。

3. A/D 转换步骤（如图13-5所示）

1）起始信号。

2）发送地址。

3）等待应答。

4）发送命令（设置 A/D 采样通道和采样模式，写操作）。

5）等待应答。

6）起始信号。

7）发送命令（设置 A/D 采样通道和采样模式，读操作）。

8）等待应答。

9）读数据。

10）发送应答。

11）延时。

12）终止信号。

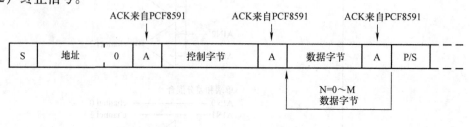

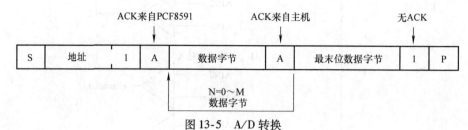

图13-5　A/D 转换

程序如下：

```
unsigned char read_adc( ) {
    unsigned char temp;
    IIC_Start( );
    IIC_SendByte(0x90);//1001  0000  0 - W
```

```
    IIC_WaitAck( );
    IIC_SendByte(0x01);//选择第1通道
    IIC_WaitAck( );

    IIC_Start( );
    IIC_SendByte(0x91);//1001  0001  1 – R
    IIC_WaitAck( );
    temp = IIC_RecByte( );
    IIC_Ack(1);
    write_delay(1);
    IIC_Stop( );

    return temp;
}
```

4. D/A 转换步骤（如图 13-6 所示）

1）起始信号。

2）发送地址（写操作）。

3）等待应答。

4）发送命令（设置 D/A 模式，写操作）。

5）等待应答。

6）发送转换数据。

7）等待应答。

8）终止信号。

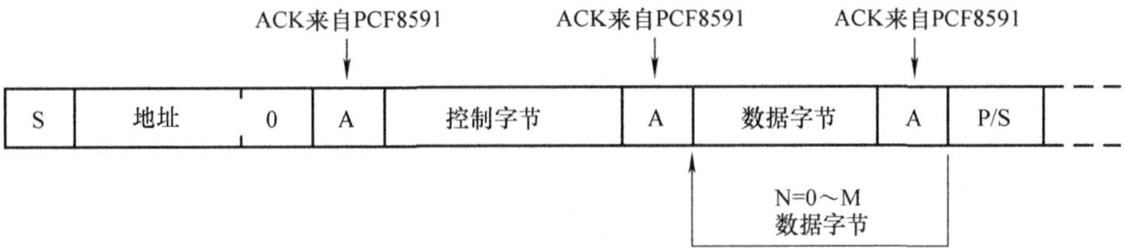

图 13-6　D/A 转换

```
void dac_trans(unsigned char dat){
    IIC_Start( );
    IIC_SendByte(0x90);//10001    a2 a1 a0 w
    IIC_WaitAck( );

    IIC_SendByte(0x40);
    IIC_WaitAck( );

    IIC_SendByte(dat);
```

```
    IIC_WaitAck();
    IIC_Stop();
}
```

13.5　光照强度检测

实例：检测室内光照强度，把光照强度值显示在数码管上。

分析：查看原理图，查找光敏电阻与单片机之间的连线。如图 13-7 所示，光敏电阻连接 PCF8591 的 AIN1 通道，PCF8591 与单片机之间采用 IIC 协议，SDA 接 P2.1 口，SCL 接 P2.0 口。

PCF8591 的地址：0x90/0x91。控制字的配置：A/D 采样，AIN1 通道，0000 0001B（0x01）

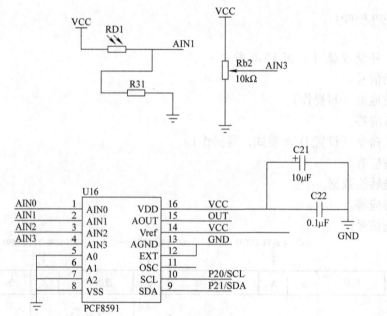

图 13-7　光敏电阻外围电路图

程序：

```c
#include  <reg52.h>
#include "IIC.h"
#include "absacc.h"
code unsigned char tab[] = {0xc0,0xf9,0xa4,0xb0,0x99,0x92,0x82,0xf8,0x80,0x90,0xff};
unsigned char dspbuf[8] = {10,10,10,10,10,10,10,10};
unsigned char dspcom = 0;
unsigned char ms;
bit adc_flag = 0;
```

```
void cls_beep( );
void cls_led( );
void init( );
void display( void );
unsigned char read_adc( );
void dac_trans( unsigned char dat );
void write_delay( unsigned char t );

void main( ) {
    unsigned char value;
    cls_beep( );
    cls_led( );
    init( );
    EA = 1;

    write_delay( 10 );
    while( 1 ) {
        if( adc_flag = = 1 ) {
            adc_flag = 0;
            value = read_adc( );
            if( value  > =  100 ) {
                dspbuf[ 5 ] = value/100;
            }
            else {
                dspbuf[ 5 ] = 10;
            }
            if( value  > =  10 )
            {
                dspbuf[ 6 ] = value%100/10;
            }
            else {
                dspbuf[ 6 ] = 10;
            }
            dspbuf[ 7 ] = value%10;
        }
    }
}
void init( ) {
    P1 & = 0x7f;
```

```
        TMOD = 0X01;
        TL0 = 0x18;
        TH0 = 0xfc;
        TR0 = 1;
        ET0 = 1;
        TF0 = 0;
}
void cls_beep(){
    XBYTE[0xA000] = 0;
}
void cls_led(){
        XBYTE[0x8000] = 0xff;
}
void isr_timer_0(void) interrupt 1{
        ms + +;
        if(ms = =50){
            ms = 0;
            adc_flag = 1;
        }
        display();
}
void display(void){
        XBYTE[0xe000] = 0xff;
        XBYTE[0xc000] = (1 < < dspcom);
        XBYTE[0xe000] = tab[dspbuf[dspcom]];
        if( + + dspcom = =8){
            dspcom = 0;
        }
}
void write_delay(unsigned char t)//10ms
{
        unsigned char i;
        while(t - -){
            for(i =0; i <112; i + +);
        }
}
unsigned char read_adc(){
        unsigned char temp;
        IIC_Start();
```

```
IIC_SendByte(0x90);//1001    0000    0 - W
IIC_WaitAck();
IIC_SendByte(0x01);//选择第 1 通道
IIC_WaitAck();
IIC_Start();
IIC_SendByte(0x91);//1001    0001    1 - R
IIC_WaitAck();
temp = IIC_RecByte();
IIC_Ack(1);
write_delay(1);
IIC_Stop();
return temp;
}
```

运行结果图如 13-8 所示。

图 13-8　运行结果图

13.6　D/A 输出

实例：将光敏电阻采样的电压值数字量，通过 D/A 转换，用万用表测 J3 的第 19、20 脚的电压值。数字值与输出值的关系如图 13-9 所示，D/A 输出电路图如图 13-10 所示。

程序：

```
#include  < reg52. h >
#include "IIC. h"
#include "absacc. h"
code unsigned char tab[] = { 0xc0,0xf9,0xa4,0xb0,0x99,0x92,0x82,0xf8,0x80,0x90,0xff};
unsigned char dspbuf[8] = {10,10,10,10,10,10,10,10};
```

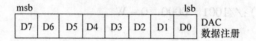

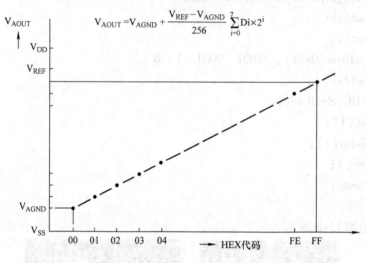

$$V_{AOUT} = V_{AGND} + \frac{V_{REF} - V_{AGND}}{256} \sum_{i=0}^{7} D_i \times 2^i$$

图 13-9　数字值与输出值的关系

```
unsigned char dspcom = 0;

unsigned char ms;
bit adc_flag = 0;

void cls_beep();
void cls_led();
void init();
void display(void);
void dac_trans(unsigned char dat);
void write_delay(unsigned char t);

void main() {
    unsigned char value;
    cls_beep();
    cls_led();
    init();
    EA = 1;

    write_delay(10);

    while(1) {
```

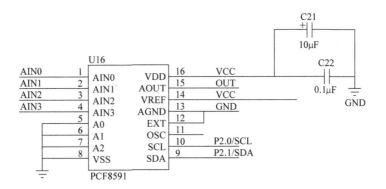

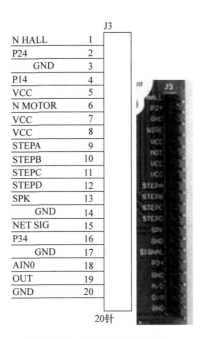

图 13-10　D/A 输出电路图

```
if( adc_flag = = 1) {
    adc_flag = 0;
    dac_trans( 128) ;
    if( value > = 100) {
    dspbuf[ 5] = value/100;
}
else {
    dspbuf[ 5] = 10;
}
if( value > = 10)
{
    dspbuf[ 6] = value% 100/10;
}
```

```
        else{
            dspbuf[6] = 10;
        }
        dspbuf[7] = value%10;
        }
    }
}
void init(){
    TMOD& = 0XF0;
    TL0 = 0xCD;
    TH0 = 0xD4;
    TR0 = 1;
    ET0 = 1;
    TF0 = 0;
}
void cls_beep(){
    XBYTE[0xA000] = 0;
}
void cls_led(){
    XBYTE[0x8000] = 0xff;
}
void isr_timer_0(void) interrupt 1{
    ms + +;
    if(ms = =50){
        ms = 0;
        adc_flag = 1;
    }
    display();
}
void display(void){
    XBYTE[0xe000] = 0xff;
    XBYTE[0xc000] = (1 < <dspcom);
    XBYTE[0xe000] = tab[dspbuf[dspcom]];
    if( + +dspcom = =8){
        dspcom = 0;
    }
}
void write_delay(unsigned char t)//10ms
{
```

```
    unsigned char i;

    while(t - -){
        for(i = 0; i < 112; i + +);
    }
}
void dac_trans(unsigned char dat){
    IIC_Start();
    IIC_SendByte(0x90);//1001  0000  0 - W
    IIC_WaitAck();
    IIC_SendByte(0x40);//DA
    IIC_WaitAck();
    IIC_SendByte(dat);//
    IIC_WaitAck();
    IIC_stop();
}
```

本章小结

IIC 总线是具备多主机系统所需的包括总线裁决和高低速器件同步功能的高性能串行总线。它只有两根信号线，一根是双向的数据线 SDA，另一根是双向的时钟线 SCL。所有连接到 IIC 总线上的器件的串行数据都接到总线的 SDA 线上，而各器件的时钟均接到总线的 SCL 线上。在实际应用中，多数单片机系统仍采用单主结构的形式，在主节点上可以采用不带 IIC 总线接口的单片机。这些单片机的普通 I/O 口完全可以完成 IIC 总线的主节点对 IIC 总线器件的读、写操作。

PCF8591 是一个单片集成、单独供电、低功耗、8 位 CMOS 数据获取器件。PCF8591 具有 4 个模拟输入、1 个模拟输出和 1 个串行 IIC 总线接口。PCF8591 的 3 个地址引脚 A0、A1 和 A2 可用于硬件地址编程，允许在同个 IIC 总线上接入 8 个 PCF8591 器件，而无需额外的硬件。在 PCF8591 器件上输入输出的地址、控制和数据信号都是通过双线双向 IIC 总线以串行的方式进行传输。

实训项目

编程实现简易路灯调光控制系统，要求如下：
（1）通过光敏电阻采集光照强度，并显示在数码管上；
（2）根据采样值控制 LED 灯的发光亮度（光照越强，LED 灯的亮度越小）。

第14章 电子时钟——DS1302应用

14.1 DS1302的基础知识

美国DALLAS公司推出的具有涓细电流充电能力的低功耗实时时钟芯片DS1302，可以对年、月、日、星期、时、分、秒进行计时，且具有闰年补偿等多种功能。

DS1302主要特点是采用串行数据传输，可为掉电保护电源提供可编程的充电功能，并且可以关闭充电功能。DS1302芯片采用普通32.768kHz晶振。DS1302缺点：时钟精度不高，易受环境影响，出现时钟混乱等。优点：DS1302可以用于数据记录，特别是对某些具有特殊意义数据点的记录，能实现数据与出现该数据的时间同时记录。这种记录对长时间的连续测控系统结果的分析及出现异常数据原因的查找具有重要意义。

传统的数据记录方式是隔时采样或定时采样，没有具体的时间记录，因此只能记录数据而无法准确记录其出现的时间。若采用单片机计时，一方面需要采用计数器，占用硬件资源，另一方面需要设置中断、查询等，同样耗费单片机的资源，而且，某些测控系统可能不允许。但是，如果在系统中采用时钟芯片DS1302，则能很好地解决这个问题。

14.2 DS1302芯片简介

DS1302工作电压为2.5~5.5V，采用三线接口与CPU进行同步通信，并可采用突发方式一次传送多个字节的时钟信号或RAM数据。DS1302内部有一个31×8的用于临时性存放数据的RAM寄存器。DS1302是DS1202的升级产品，与DS1202兼容，但增加了主电源/后备电源双电源引脚，同时

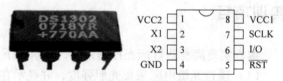

图14-1 DS1302实物及引脚图

提供了对后备电源进行涓细电流充电的能力。DS1302实物及引脚图，如图14-1所示。其中，引脚VCC1为后备电源，VCC2为主电源。在主电源关闭的情况下，也能保持时钟的连续运行。

1. DS1302 的引脚

1）X1、X2：晶振接入引脚，晶振频率为 32.768kHz。

2）$\overline{RST}$：复位引脚，高电平启动输入/输出，低电平结束输入/输出。

3）I/O：数据输入/输出引脚。

4）SCLK：串行时钟输入引脚。

5）GND：接地引脚。

6）VCC1、VCC2：工作电源、备份电源引脚。

2. DS1302 的操作

（1）DS1302 的命令字节格式。对 DS1302 的各种操作由命令字节实现。命令字节的格式如表 14-1 所示。

表 14-1　DS1302 命令字节格式

7	6	5	4	3	2	1	0
1	$\dfrac{\text{RAM}}{\text{CK}}$	A4	A3	A2	A1	A0	$\dfrac{\text{RD}}{\overline{\text{WR}}}$

1）D7 位：固定为 1。

2）R/$\overline{C}$位：为 0 时选择操作时钟数据，为 1 时选择操作 RAM 数据。

3）A4、A3、A2、A1、A0：操作地址。

4）R/$\overline{W}$位：为 0 时进行写操作，为 1 时进行读操作。

（2）DS1302 的读写操作时序。

1）字节写操作时序。每次写 1 个字节数据的操作时序如图 14-2 所示。

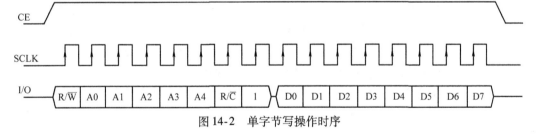

图 14-2　单字节写操作时序

单片机向 DS1302 写入数据时，在写入命令字节的 8 个 SCLK 周期后，DS1302 会在接下来的 8 个 SCLK 周期的上升沿写入数据字节；如果有更多的 SCLK 周期，则多余的部分将被忽略。

2）字节读操作时序。每次读 1 个字节数据的操作时序如图 14-3 所示。

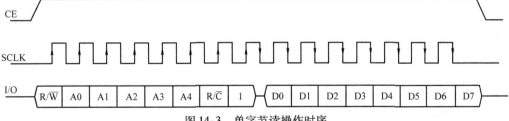

图 14-3　单字节读操作时序

单片机从 DS1302 读取数据时，跟随读命令字节之后，数据字节在 8 个 SCLK 的下降沿由 DS1302 送出。第一个数据位在命令字节后的第一个下降沿时产生，数据传送从 D0 位开始。

需要注意的是：在单片机从 DS1302 中读取数据时，从 DS1302 输出的第一个数据位发生在紧接着单片机输出的命令字节最后一位的第一个下降沿处；而且在读操作过程中，要保持RST时钟为高电平状态。

3）多字节操作时序。每次写入或读出 8 个字节时钟日历数据或 31 个字节 RAM 数据的操作，称为多字节操作（或突发模式）。多字节操作的操作命令与单字节时相似，只是要将"A0 ~ A4"换成"11111"。

3. DS1302 的寄存器及 RAM

DS1302 有 7 个与日历时钟相关的寄存器，数据以 BCD 码格式存放，如表 14-2 所示。

表 14-2　DS1302 日历时钟寄存器

READ	WRITE	BIT7	BIT6	BIT5	BIT4	BIT3	BIT2	BIT1	BIT0	RANGE
81H	80H	CH		10 秒				秒		00 – 59
83H	82H			10 分				分		00 – 59
85H	84H	12/24	0	$\dfrac{10}{\text{AM/PM}}$	时			时		1 – 12/0 – 23
87H	86H	0	0	10 日				日		1 – 31
89H	88H	0	0	0	10 月			月		1 – 12
8BH	8AH	0	0	0	0	0		星期		1 – 7
8DH	8CH			10 年				年		00 – 99
8FH	8EH	WP	0	0	0	0	0	0	0	–
91H	90H	TCS	TCS	TCS	TCS	DS	DS	RS	RS	–

1）秒寄存器的 CH 位：置为 1 时，时钟停振，进入低功耗态；置 0 时，时钟工作。

2）小时寄存器的 D7 位：置为 1 时，12 小时制（此时 D5 置为 0 表示上午，置为 1 表示下午）；D7 位置为 0 时，24 小时制（此时 D5、D4 组成小时的十位）。

3）WP 为写保护位，置为 1 时，写保护；置为 0 时，未写保护。

4）TCS：1010 时慢充电；DS 为 01，选一个二极管；为 10，选 2 个二极管；11 或 00，禁止充电。

5）RS：与二极管串联电阻选择。00 时不充电；01 时选 2kΩ 电阻；10 时选 4kΩ 电阻；11 时选 8kΩ 电阻。

14.3　DS1302 显示时钟的实例

14.3.1　电子时钟基础

1. 设计任务

用 DS1302 设计一个电子时钟，在数码管上以 xx – xx – xx 的格式显示当前的时间。

2. 硬件电路分析

（1）实时时钟电路，如图 14-4 所示。

DS1302 的 X1 和 X2 接 32.768kHz 的晶振，SCLK 接 P1.7，通过编程方法模拟 SPI 串行

总线时序。I/O 接 P2.3，单片机通过该引脚对 DS1302 进行读写操作。$\overline{RST}$ 接 P1.3，在整个读、写过程中，$\overline{RST}$ 必须保持高电平。

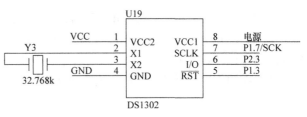

图 14-4　实时时钟电路

（2）LED 数码管电路，如图 14-5 所示，开发板的数码管采用共阳极接法，位选端 com1 ～ com8、段选码 a ～ dp，数据均由 P0 口提供，分别由 Y6C 进行位选数据锁存，由 Y7C 进行段选码锁存的控制。

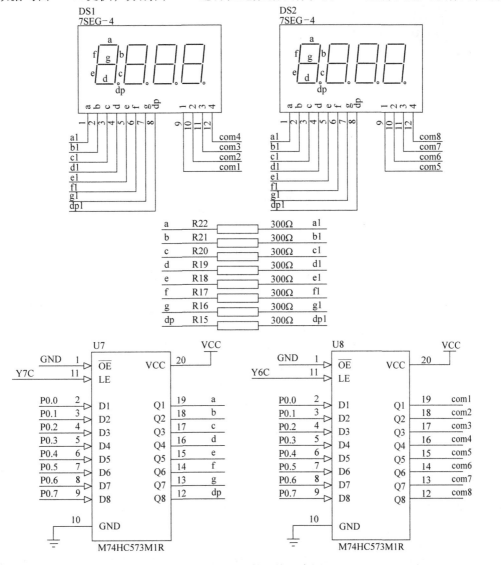

图 14-5　LED 数码管电路

本次设计在 MM 模式下进行控制，即开发板的 J13，用跳线帽接 MM 端（如图 14-6a 所示），WR 引脚与 P3.6 相连，当单片机对片外 RAM 执行写操作时，P3.6 引脚将输出一个负脉冲，此时，WR 引脚亦接收到负脉冲（如图 14-6b 所示）。如图 14-6d 所示，74HC02 是或非门，因此，Y4C、Y5C、Y6C 和 Y7C 的值分别受到 Y4、Y5、Y6 和 Y7 的控制，当 Y4（或 Y5、Y6 和 Y7）为低电平时，Y4C（或 Y5C、Y6C 和 Y7C）将会输出负脉冲，此负脉冲刚好可以用作锁存器 M74HC573 的选通信号。而 Y4、Y5、Y6 和 Y7 由 74HC138 的 C、B、A 三个地址端的值进行数据选择（如图 14-6c 所示），74HC138 的地址端分别接 P2.7、P2.6 和 P2.5。

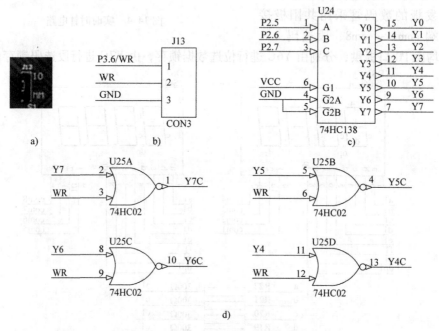

图 14-6　地址译码模块电路原理图

如表 14-3 所示，通过 P2 的最高三位进行译码，而在设置 P2.7～P2.5 时，P2 口的其他位尽量不要受到影响。在控制 LED 数码管时，要选中 Y6 和 Y7。让 Y6 输出低电平，P2.7～P2.5 的值为 110；Y7 输出低电平 P2.7～P2.5 的值为 111。

表 14-3　地址译码

		C（高位）	B	A（低位）						端口地址
		P2.7	P2.6	P2.5	P2.4	P2.3	P2.2	P2.1	P2.0	
led 控制	$\overline{Y4}=0$	1	0	0	0	0	0	0	0	0x8000
蜂鸣器	$\overline{Y5}=0$	1	0	1	0	0	0	0	0	0xa000
数码管位选	$\overline{Y6}=0$	1	1	0	0	0	0	0	0	0xc000
数码管段码	$\overline{Y7}=0$	1	1	1	0	0	0	0	0	0xe000

3. 设计思路

先把初始时间 23－59－56 分别写入 DS1302 的小时、分钟、秒寄存器，DS1302 即从初始时间开始计时，只要不断地从 DS1302 里读出当前的时间，并送 LED 数码管显示，就可以实现时钟的实时显示功能。注意 DS1302 写入和读出的时间均为 BCD 码，需要做好码型转换。

这里采用 T0 定时 1ms，在 T0 的中断服务程序中调用 LED 数码管动态显示程序。

4. 参考程序

```
/************** ds1302.c **************/
#include <reg52.h>
#include <intrins.h>
sbit SCK = P1^7;
sbit SDA = P2^3;
sbit RST = P1^3;  // DS1302 复位
void Write_Ds1302_Byte(unsigned char temp)
{
    unsigned char i;
    for (i = 0; i < 8; i++)
    {
        SCK = 0;
        SDA = temp&0x01;
        temp >>= 1;
        SCK = 1;
    }
}
void Write_Ds1302(unsigned char address, unsigned char dat)
{
    RST = 0;
    _nop_();
    SCK = 0;
    _nop_();
    RST = 1;
    _nop_();
    Write_Ds1302_Byte(address);
    Write_Ds1302_Byte(dat);
    RST = 0;
}
unsigned char Read_Ds1302 (unsigned char address)
{
    unsigned char i, temp = 0x00;
    RST = 0;
    _nop_();
    SCK = 0;
    _nop_();
    RST = 1;
    _nop_();
```

```c
        Write_Ds1302_Byte( address) ;
        for ( i = 0 ;i < 8 ;i + + )
        {
            SCK = 0 ;
            temp > > = 1 ;
             if( SDA)
            temp| = 0x80 ;
            SCK = 1 ;
        }
         RST = 0 ;
        _nop_( ) ;
        RST = 0 ;
        SCK = 0 ;
        _nop_( ) ;
        SCK = 1 ;
        _nop_( ) ;
        SDA = 0 ;
        _nop_( ) ;
        SDA = 1 ;
        _nop_( ) ;
        return ( temp) ;
}
/ * * * * * * * * * * * * * * ds1302. h * * * * * * * * * * * * * * * * * */
#ifndef __DS1302_H
#define __DS1302_H
void Write_Ds1302_Byte( unsigned   char temp) ;
void Write_Ds1302( unsigned char address,unsigned char dat ) ;
unsigned char Read_Ds1302 ( unsigned char address ) ;
#endif
/ * * * * * * * * * * * * * * main. c * * * * * * * * * * * * * * * * * */
#include < reg52. h >
#include "ds1302. h"
#define uchar unsigned char
#define uint unsigned int
uchar tab[ ] = {0xc0,0xf9,0xa4,0xb0,0x99,0x92,0x82,0xf8,0x80,0x90,0xff,0xbf} ;
uchar dspbuf[ ] = {10,10,10,10,10,10,10,10} ;
uchar dspcom = 0 ;
unsigned char hour,min,sec ;
void display( ) ;
```

```
void main( )
{
        TMOD = 0x01;
        TH0 = (65536 - 2000)/256;
        TL0 = (65536 - 2000)%256;
        ET0 = 1;
        EA = 1;
        TR0 = 1;
        Write_Ds1302(0x8e,0x00);
        Write_Ds1302(0x80,0x56);
        Write_Ds1302(0x82,0x59);
        Write_Ds1302(0x84,0x23);
        Write_Ds1302(0x8e,0x80);
        while(1)
        {
            sec = Read_Ds1302(0x81);
            min = Read_Ds1302(0x83);
            hour = Read_Ds1302(0x85);
            dspbuf[0] = hour/16;
            dspbuf[1] = hour%16;
            dspbuf[2] = 11;
            dspbuf[3] = min/16;
            dspbuf[4] = min%16;
            dspbuf[5] = 11;
            dspbuf[6] = sec/16;
            dspbuf[7] = sec%16;
        }
}
void timer0( ) interrupt 1
{
    TH0 = (65536 - 2000)/256;
    TL0 = (65536 - 2000)%256;
    display( );
}
void display( )
{
    P0 = 0XFF;
    P2 = P2&0X1F|0XE0;
    P2 = P2&0X1F;
```

```
P0 = 1 < < dspcom;
P2 = P2&0X1F|0Xc0;
P2 = P2&0X1F;

P0 = tab[dspbuf[dspcom]];
P2 = P2&0X1F|0XE0;
P2 = P2&0X1F;
if( + + dspcom = = 8)
{
    dspcom = 0;
}
}
```

5. 总结

要想实现时钟的实时显示，只要不断地从 DS1302 里读出当前的时间，并送 LED 显示即可。在中断服务函数中调用显示函数，每隔 1ms 显示函数就会被调用一次，这样做的好处是当主函数处理任务较多时，不会因为调用显示函数不及时而造成显示效果不理想的情况。

14.3.2　电子时钟进阶——带时间调整、闹铃功能的电子时钟设计

1. 设计任务

用 DS1302 设计一个电子时钟，设备初始化时间为 23 时 59 分 50 秒，闹钟提醒时间 0 时 0 分 5 秒。

（1）时钟调整功能。

按键 S7 定义为 "时钟设置" 按键，通过该按键可切换选择待调整的时、分、秒，当前选择的显示单元以 0.5s 为间隔亮灭。

按键 S5 定义为 "加" 按键，在 "时钟设置" 或 "闹钟设置" 状态下，每次按下该按键当前选择的单元（时、分或秒）增加 1 个单位。

按键 S4 定义为 "减" 按键，在 "时钟设置" 或 "闹钟设置" 状态下，每次按下该按键当前选择的单元（时、分或秒）减少 1 个单位。

（2）闹钟提示功能。

指示灯 L1 以 0.2s 为间隔闪烁，持续 5s。

闹钟提示状态下，按下任意按键，关闭闪烁提示功能。

2. 设计思路

模块一：时钟实时显示

先把初始时间 23 - 59 - 56 分别写入 DS1302 的小时、分钟、秒寄存器，DS1302 即从初始时间开始计时，这时再从 DS1302 里读出当前的时间，并送 LED 数码管显示，就可以实现时钟的实时显示功能。注意向 DS1302 写入和读出的时间均为 BCD 码，需要做好码型转换。这里采用 T0 定时 1ms，在 T0 的中断服务程序中调用 LED 数码管动态显示程序。此外，还定义了 3 个计数器 Task1、Task2、Task3，通过对 1ms 计数，来实现 0.5s（调整位闪烁时

间）、10ms（按键扫描时间）、1s（闹钟匹配时间）的定时。

模块二：按键扫描

每 10ms 对按键扫描一次，如果连续 2 或 3 次均扫描到有按键按下，则说明此次按键操作非抖动，需要确定按键的键值。用这种方法对按键做去抖动处理，不占用 CPU 的时间，可以提高 CPU 的利用率。当检测到有按键按下时，需要等按键释放后再对按键做处理，这样就可以保证对一个按键仅做一次处理。

模块三：按键处理

根据返回的键值，对按键做相应的处理。S7 为时间调整功能键，第一次按下时，对小时调整，第二次按下时，对分钟调整，第三次按下时，对秒调整，第四次按下时，保存调整后的时间，并退出时间调整状态，开始实时显示调整后的时间。这里，我们用计数器 TimerSetMode 来记录 S7 按下的次数，用 TimerSetFlag 作为时间调整状态的标志位。S6 为闹钟调整按键，功能同 S7。

模块四：闹铃功能

每隔 1s 对闹铃与当前时间进去匹配，若相等，启动 T1。这里我们用 T1 定时 5ms，用 Timer1Task1、Timer1Task2、Timer1Task3 对 5ms 计数，来实现 0.2s（LED 闪烁时间）、5s（闹铃持续时间）、10ms（按键扫描）的定时。

3. 主程序流程图

主程序流程图如图 14-7 所示。

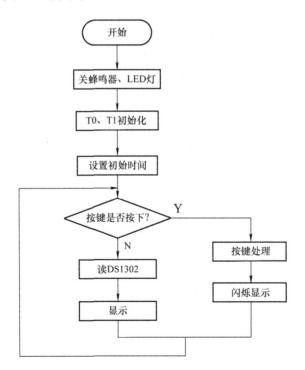

图 14-7　主程序流程图

4. 参考程序

```
/* * * * * * * * * * * * * * * main. c * * * * * * * * * * * * * * * * * * * * *
*/
#include " reg52. h"
#include " absacc. h"
#include " intrins. h"
#include   " key. h"
#include   " ds1302. h"

extern bit KeyFlag;
extern unsigned char key_value;
bit Flash;
code unsigned char tab[ ] = {0xc0,0xf9,0xa4,0xb0,0x99,0x92,0x82,0xf8,0x80,0x90,0xff,
0xbf,0xc6};
unsigned char dspbuf[8] = {10,10,10,10,10,10,10,10};
unsigned char dspcom = 0;

unsigned int Task1;              //T0 任务 1 计数器
unsigned int Task2;              //T0 任务 2 计数器
unsigned int Task3;              //T0 任务 3 计数器
unsigned int Timer1Task1;        //T1 任务 1 计数器
unsigned int Timer1Task2;        //T1 任务 2 计数器
unsigned int Timer1Task3;        //T1 任务 3 计数器

bit TimerSetDisplay;             //调整模式下闪烁的时间间隔
bit TimerSetFlag;                //时间设置模式标志位

unsigned char AlarmSecond = 0x00,AlarmMinute = 0x05,AlarmHour = 0x12;   //初始闹铃
unsigned char Second,Minute,Hour;   //存放从 DS1302 读取的时间

void Display( void);             //显示函数
void cls_buzz( )                 //关闭蜂鸣器
{
    XBYTE[0XA000] = 0X00;
}
void cls_led( )                  //关闭 LED 灯
{
    XBYTE[0X8000] = 0XFF;
}
```

```c
void TimerDisplay()
{
    dspbuf[0] = Hour/10;
    dspbuf[1] = Hour%10;
    dspbuf[2] = 11;
    dspbuf[3] = Minute/10;
    dspbuf[4] = Minute%10;
    dspbuf[5] = 11;
    dspbuf[6] = Second/10;
    dspbuf[7] = Second%10;
}


void main(void)
{

    uchar TimerSave;
    uchar TimerSetMode;     //时间调整模式
    cls_buzz();cls_led();

    TMOD = 0x11;
    TL0 = 0x66;             //1ms 初始值
    TH0 = 0xFC;
    ET0 = 1;
    EA = 1;
    TR0 = 1;
    TL1 = 0x00;             //5ms 初始值
    TH1 = 0xEE;
    ET1 = 1;
    Ds1302Init();           //初始化时间

    while(1)
    {
        unsigned char key_temp = 0xff;
            if(KeyFlag)     //10ms 按键扫描
        {
          KeyFlag = 0;
                key_temp = ReadKeyboard();      //读按键值
                if(key_temp! = 0xFF)
```

```
                                }
                            switch(key_temp)
                            {   case 7:{
TimerSetFlag = 1; TimerSetMode + + ;        //辨别是调整时、分、秒调整模式
    if(TimerSetMode > 3)    {TimerSetMode = 0; TimerSetFlag = 0; TimerSave = 1; }//按键超过3
次认为已经要求存下时间, 并且记得把调整模式复位
                            key_value = 0xff; };
                            break;        //调整时间
                            switch(TimerSetMode)
                            {
                            case 1:{
                                if( + + Hour > 23) Hour = 0;
                                break;
                                }
                            case 2:{
                                    if( + + Minute > 59) Minute = 0;
                                        break;
                                    }
                            case 3:{
                                    if( + + Second > 59) Second = 0;
                                        break;
                                    }
                            default:break;
                                }
                            key_value = 0xff;
                        } break;
                            case 4:{
                            switch(TimerSetMode){
    case 1:{
        if( - - Hour = = 255) Hour = 23;
            break;
            }
    case 2:{
        if( - - Minute = = 255) Minute = 59;
            break;
            }
    case 3:{
        if( - - Second = = 255) Second = 59;
            break;
```

```
            }
        default: break;
    }
    key_value = 0xff;
        } break;
    }
    }
    }

                if( TimerSave )        //保存调整后的时间
                {
                    TimerSave = 0;
                    Ds1302_Single_Byte_Write( 0x8e, 0x00 );
                    Ds1302_Single_Byte_Write( 0x80, Second/10 * 16 + Second%10 );
                    Ds1302_Single_Byte_Write( 0x82, Minute/10 * 16 + Minute%10 );
                    Ds1302_Single_Byte_Write( 0x84, Hour/10 * 16 + Hour%10 );
                    Ds1302_Single_Byte_Write( 0x8e, 0x80 );
                }
                if( TimerSetFlag )//时间调整状态
                {
                switch( TimerSetMode )
                {
        case 1: { if( TimerSetDisplay ) TimerDisplay( ); else { dspbuf[0] = 10; dspbuf[1] =
10; } } ; break;
        case 2: { if( TimerSetDisplay ) TimerDisplay( ); else { dspbuf[3] = 10; dspbuf[4] =
10; } } ; break;
        case 3: { if( TimerSetDisplay ) TimerDisplay( ); else { dspbuf[6] = 10; dspbuf[7] =
10; } } ; break;
        default: break;
                }
                }
                else
                {
                    Second = Ds1302_Single_Byte_Read( 0x81 );//读取当前时间
                    Minute = Ds1302_Single_Byte_Read( 0x83 );
                    Hour = Ds1302_Single_Byte_Read( 0x85 );

                    Hour = Hour/16 * 10 + Hour%16;
                    Minute = Minute/16 * 10 + Minute%16;
                    Second = Second/16 * 10 + Second%16;
```

```
                TimerDisplay();

            }
        }
    }

void isr_timer_0(void)    interrupt 1              //1ms 定时
{
    TL0 = 0x66;
    TH0 = 0xFC;
    Display();
    if( + +Task1 = = 500)                //0.5s
    Task1 = 0;
        TimerSetDisplay = ~ TimerSetDisplay; //调整时间闪烁标志位
    }
        if( + +Task2 = = 10)              //10ms 按键扫描一次
        {
            KeyFlag = 1;
            Task2 = 0;
        }
    if( + +Task3 = = 1000)               //1s 比较闹钟一次
        {
        Task3 = 0;
        if((AlarmSecond = =Second)&&(AlarmMinute = =Minute)&&(AlarmHour = =Hour))//
            {
                TR1 = 1;                 //闹钟时间到,启动 T1 定时
            }
        }
    }
void isr_timer_1(void)    interrupt 3              //T1 定时 5ms
{
        TL1 = 0x00;
        TH1 = 0xEE;
    if( + +Timer1Task1 >40)
        {
        Timer1Task1 = 0;
        Flash = ~ Flash;
```

```c
        if(Flash) XBYTE[0X8000] = 0x7f;
        else XBYTE[0X8000] = 0xff;
        }     //LED 闪烁时间
    if( + + Timer1Task2 > 1000)    //5s 到
    {Timer1Task2 = 0;TR1 = 0;cls_led();}

    if( + + Timer1Task3 > 2)    //10ms 判断有无按键按下
    {
        Timer1Task3 = 0;
        if(ReadKeyboard()! = 0xFF)    {TR1 = 0;cls_led();}
    }
}
//显示
void display()
{
    XBYTE[0XE000] = 0XFF;
    XBYTE[0XC000] = 1 < < dspcom;
    XBYTE[0XE000] = tab[dspbuf[dspcom]];
    if( + + dspcom = = 8)
        dspcom = 0;
}
/ * * * * * * * * * * * * * * *key.c* * * * * * * * * * * * * * * * * */
#include "reg52.h"
#include "absacc.h"

bit KeyFlag = 0;
bit key_re;
unsigned char key_press;
unsigned char key_value;
sbit Key_S4 = P3^3;
sbit Key_S5 = P3^2;
sbit Key_S6 = P3^1;
sbit Key_S7 = P3^0;
unsigned char ReadKeyboard(void)
{
        P3 = 0XFF;
        if(P3 ! = 0XFF)    //有按键按下
        key_press + + ;
        else
```

```
        key_press = 0;   //消抖，这里消除的抖动是在 3 次循环进来时间之内的
    if( key_press = = 3)   //可作为长按或者短按的时间控制，此处的 3 实际上是从主
循环函数进来的次数
        {
            key_press = 0;
            key_re = 1;

            if( Key_S4 = = 0)         key_value = 4;
            if( Key_S5 = = 0)         key_value = 5;
            if( Key_S6 = = 0)         key_value = 6;
            if( Key_S7 = = 0)         key_value = 7;
        }
            P3 = 0xff;

    if( ( ( key_re = = 1) && ( P3 = = 0xff) ) ) //按键没有释放进入不了这里
        {
            key_re = 0;
            return key_value;
        }
    return 0xff;   //无按键按下或被按下的按键未被释放
}
```

本章小结

采用模块化的设计思路，分别设计了主程序模块 main. c、按键扫描模块 key. c 和时钟模块 DS1302. c，只要在主程序中把包含相应模块的头文件包含进来，我们就可以调用模块中的程序，这样做的好处是方便程序的移植。

实训项目

编写程序实现以下功能要求：
(1) 读取温度值并显示在数码管；
(2) 当按下 S4 按键时，系统时间显示数码管上；没有按时，数码管显示温度值；
(3) 当温度不在上下限之内，声光报警。

第 15 章　电子万年历——LCD1602 液晶显示器的应用

教学目标

1. 掌握 51 单片机与 LCD1602 的接口方法。

2. 综合按键、DS1302、LCD1602 完成电子万年历的设计。

重点内容

驱动 LCD1602 软硬件接口技术。

液晶显示（LCD）是单片机应用系统的一种常用人机接口形式，其优点是体积小、重量轻、功耗低。字符型 LCD 主要用于显示数字、字母、简单图形符号及少量自定义符号。本章介绍目前在单片机应用系统中广泛使用的字符型模块 LCD1602 的使用方法。

15.1　LCD1602 模块的外形及引脚

LCD1602 模块采用 16 引脚接线，实物图如图 15-1 所示。

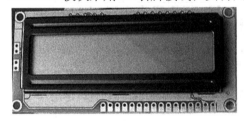

图 15-1　LCD1602 模块的实物图

引脚 01：VSS，接地引脚。

引脚 02：VDD，接 +5V 电源。

引脚 03：VL，对比度调整端。

引脚 04：RS，数据/命令寄存器选择端。高电平选择数据寄存器，低电平选择命令寄存器。

引脚 05：R/$\overline{\text{W}}$，读/写选择端。高电平时读操作，低电平时写操作。

引脚 06：E，使能端。由高电平跳变到低电平时，液晶模块执行命令。

引脚 07 ~ 14：D0 ~ D7，8 位双向数据线。

引脚 15：BLA，背光正极。

引脚 16：BLK，背光负极。

15.2　LCD1602 模块的组成

　　LCD1602 模块由控制器 HD44780、驱动器 HD44100 和液晶板组成，如图 15-2 所示。

　　HD44780 是液晶显示控制器，它可以驱动单行 16 字符或 2 行 8 字符。对于 2 行 16 字符的显示要增加 HD44100 驱动器。

　　HD44780 由字符发生器 CGROM、自定义字符发生器 CGRAM 和显示缓冲区 DDRAM 组成。字符发生器 CGROM 存储了不同的点阵字符图形，包括数字、英文字母的大小写字符、

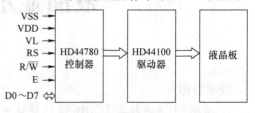

图 15-2　LCD 控制框图

常用的符号和日文符等，每一个字符都有一个固定的代码，如表 15-1 所示。

表 15-1　LCD1602 的 CGROM 字符集

字符的高4位(D4~D7)(十六进制)	字符的低4位(D0~D3)(十六进制)
	0　1　2　3　4　5　6　7　8　9　A　B　C　D　E　F

　　自定义字符发生器 CGRAM 可由用户自己定义 8 个 5×7 字型。地址的高 4 位为 "0000" 时对应 CGRAM 空间（0000×000B ~ 0000×111B）。每个字型由 8 字节编码组成，且每个字节编码仅用到了低 5 位（4~0 位）。要显示的点用 "1" 表示，不显示的点用 "0" 表示。最后一个字节编码要留给光标，所以通常是 0000 0000B。

　　程序初始化时要先将各字节编码写入到 CGRAM 中，然后就可以如同 CGROM 一样使用

这些自定义字型了。图 15-3 所示为自定义字符"±"的构造示例。

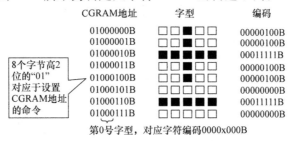

图 15-3　自定义字型

　　DDRAM 有 80 个单元，但第 1 行仅用 00H～0FH 单元，第 2 行仅用 40H～4FH 单元。DDRAM 地址与现实位置的关系如图 15-4 所示。DDRAM 单元存放的是要显示字符的编码（ASCII 码），控制器以该编码为索引，到 CGROM 或 CGRAM 中取点阵字型送液晶板显示。

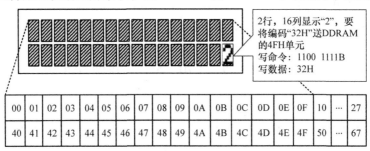

图 15-4　DDRAM 与显示位置的关系

15.3　LCD1602 模块的命令

　　LCD1602 模块的控制是通过 11 条操作命令完成的。这些命令如表 15-2 所示。
　　命令 1：清屏（DDRAM 全写空格）。光标回到屏幕左上角，地址计数器设置为 0。
　　命令 2：光标归位。光标回到屏幕左上角，地址计数器设置为 0。
　　命令 3：输入模式设置，用于设置每写入一个数据字节后，光标的移动方向及字符是否移动。I/D：光标移动方向，S：全部屏幕。若 I/D = 0，S = 0，光标左移一格且地址计数器减 1；若 I/D = 1，S = 0，光标右移一格且地址计数器加 1；若 I/D = 0，S = 1，屏幕内容全部右移一格，光标不动；若 I/D = 1，S = 1，屏幕内容全部左移一格，光标不动。

表 15-2　LCD1602 的操作命令

序号	指令	RS	R/W	D7	D6	D5	D4	D3	D2	D1	D0
1	清屏	0	0	0	0	0	0	0	0	0	1
2	光标归位	0	0	0	0	0	0	0	0	1	*
3	输入模式设置	0	0	0	0	0	0	0	1	I/D	S
4	显示与不显示设置	0	0	0	0	0	0	1	D	C	B
5	光标或屏幕内容移位选择	0	0	0	0	0	1	S/C	R/L	*	*
6	功能设置	0	0	0	0	1	DL	N	F	*	*

（续）

序号	指令	RS	R/W	D7	D6	D5	D4	D3	D2	D1	D0
7	CGRAM 地址设置	0	0	0	1			CGRAM 地址			
8	DDRAM 地址设置	0	0	1				DDRAM 地址			
9	读忙标志和计数器地址设置	0	1	BF				计数器地址			
10	写 DDRAM 或 CGROM	1	0					要写的数据			
11	读 DDRAM 或 CGROM	1	1					读出的数据			

命令 4：显示与不显示设置。D：显示的开与关，为 1 表示开显示，为 0 表示关显示。C：光标的开与关，为 1 表示有光标，为 0 表示无光标。B：光标是否闪烁，为 1 表示闪烁，为 0 表示不闪烁。

命令 5：光标或屏幕内容移位选择。S/C：为 1 时移动屏幕内容，为 0 时移动光标。R/L：为 1 时右移，为 0 时左移。

命令 6：功能设置。DL：为 0 时设为 4 位数据接口，为 1 时设为 8 位数据接口。N：为 0 时单行显示，为 1 时双行显示。F：为 0 时显示 5×7 点阵，为 1 时显示 5×10 点阵。

命令 7：CGRAM 地址设置，地址范围 00H ~ 3FH（共 64 个单元，对应 8 个自定义字符）。

命令 8：DDRAM 地址设置，地址范围 00H ~ 7FH。

命令 9：读忙标志和计数器地址。BF：忙标志，为 1 表示忙，此时模块不能接收命令或者数据，为 0 表示不忙。计数器地址范围 00H ~ 7FH。

命令 10：写 DDRAM 或 CGROM。要配合地址设置命令。

命令 11：读 DDRAM 或 CGROM。要配合地址设置命令。

LCD1602 模块使用时要先进行初始化，初始化内容为：

1）清屏。

2）功能设置。

3）显示与不显示设置。

4）输入模式设置。

15.4　电子万年历

15.4.1　设计任务

设计一个电子万年历，并在 LCD1602 上显示出来，设备上电后初始时间配置为：第一行居中显示日期为 2018 - 06 - 18，第二行居中显示时间为 23 - 59 - 56。

按键 S7 定义为"时钟设置"按键，通过该按键可切换选择待调整年、月、日、时、分、秒。

按键 S6 定义为"确定"按键，通过该按键可保存设置的时间，液晶屏显示当前设定的时间。

按键 S5 定义为"加"按键，在"时钟设置"状态下，每次按下该按键当前选择的单元

（年、月、日、时、分或秒）增加 1 个单位。

　　按键 S4 定义为"减"按键，在"时钟设置"状态下，每次按下该按键当前选择的单元（年、月、日、时、分或秒）减少 1 个单位。

15.4.2　硬件电路分析

　　LCD1602 与单片机接口电路如图 15-5 所示，V0 接电位器，可以通过电位器 Rb1 调节对比度。RS 与单片机的 P2.0 相连，作为命令/数据选择端。R/$\overline{W}$ 与单片机的 P2.1 相连，对 LCD1602 发出读/写控制命令，使能端 E 与单片机的 P1.2 相连，该引脚输入正脉冲时，液晶模块执行命令。

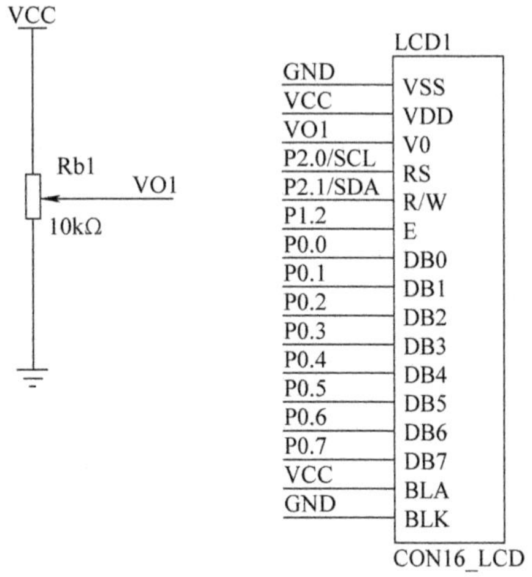

图 15-5　LCD1602 与单片机接口电路

15.4.3　程序设计

1. 设计思路

模块一：时钟实时显示

　　先把初始时间 2018 – 06 – 18　23 – 59 – 56 分别写入 DS1302 的年、月、日、小时、分钟、秒寄存器，DS1302 即从初始时间开始计时，这时我们再从 DS1302 里读出当前的时间，并送 LCD1602 液晶显示屏显示，第一行从 0x03 单元开始显示年、月、日，第二行从 0x44 单元开始显示小时、分钟、秒。我们可以用"0x80 + 单元地址"命令来修改地址指针，写入单元的内容为待显示字符的 ASCII 码，我们要做好码型转换。

　　模块二：按键扫描

　　每 10ms 对按键扫描一次，如果连续 2 或 3 次均扫描到有按键按下，则说明此次按键操作非抖动，我们要确定按键的键值。用这种方法对按键做去抖动处理，不占用 CPU 的时间，可以提高 CPU 的利用率。当检测到有按键按下时，我们需等按键释放后再对按键做处理，这样就可以保证对一次按键仅做一次处理。

　　模块三：按键处理

　　根据返回的键值，对按键做相应的处理。S7 为时间调整功能键，第一次按下时，对年调整；第二次按下时，对月调整（1 月~12 月）；第三次按下时，对日调整（1、3、5、7、8、10、12 为 31 天，平年 2 月为 28 天，闰年 2 月为 29 天，其余月份为 30 天）；第四次按下时，对小时调整；第五次按下时，对分钟调整；第六次按下时，对秒调整；第七次按下时，又开始对年进行调整；如此循环。

　　闰年的判断标准为 Year%400 = =0 | | Year%4 = =0&&Year%100! =0，即年份能被 4 整除但不能被 100 整除，但是能被 400 整除，即四年一闰，百年不闰，四百年再闰。S6 按键为确定按键，用来保存调整后的时间，并退出时间调整状态，开始实时显示调整后的时间。这里用计数器 TimerSetMode 来记录 S7 按下的次数，用 TimerSetFlag 作为时间调整状态的标志位。

2. 程序流程图

（1）主程序流程图如图 15-6 所示。

　　在主程序当中，我们除了要完成定时器 T0、LCD1602 的初始化操作外，还需要每隔 10ms 对按键进行一次扫描，若有按键按下，则执行按键处理程序，若无按键按下，则从 DS1302 中读取当前的时间，并送 LCD1602 显示。

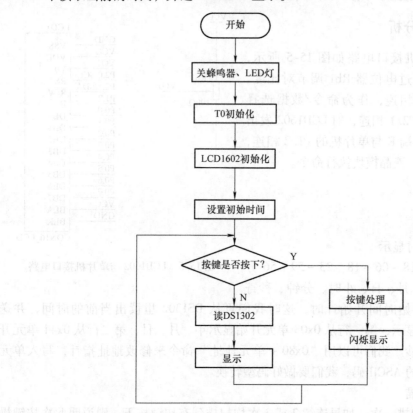

图 15-6　主程序流程图

　　（2）按键处理程序流程图如图 15-7 所示。

　　当有按键按下时，需要根据键值来确定要执行的操作。S7 按下，进入到时钟调整状态，且要根据 S7 按下的次数来确定对年、月、日、时、分、秒中的某一位进行修改。当 S6 按下时，则退出时间调整状态，并且要把修改后的时间写入 DS1302，这样 DS1302 就从修改后的时间开始计时了。

　　3. 参考程序

```c
/****************** main. c ******************/
#include "reg52. h"
#include "absacc. h"
#include "intrins. h"
#include "key. h"
#include "ds1302. h"
sbit LCDRS = P2^0;
sbit LCDEN = P1^2;
sbit LCDRW = P2^1;
```

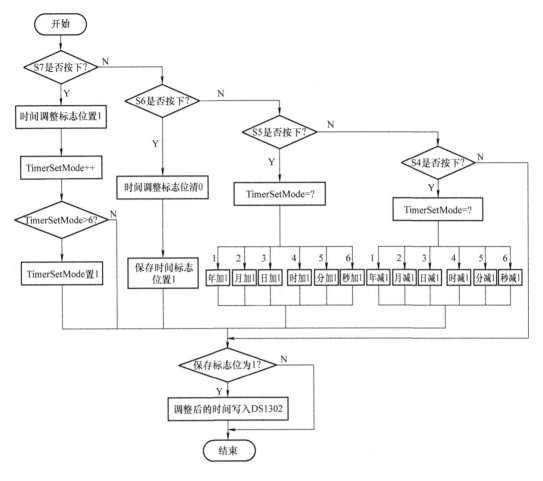

图 15-7　按键处理程序流程图

extern bit KeyFlag;
extern　unsigned char key_value;

unsigned int Task2;　　//任务 2
bit TimerSetFlag;　　　//表示进入时间设置模式

unsigned char Second,Minute,Hour,Day,Mon,Year,Yearh = 20;//存放实际的从 DS1302 读
　//取回来的时间
unsigned char Second_Ten,Second_One,Minute_Ten,Minute_One,Hour_Ten,Hour_One,
Day_Ten,Day_One,Mon_Ten,Mon_One,Year_Ten,Year_One;　//对时间位进行处理
void cls_buzz( )　//关闭蜂鸣器
{
　　XBYTE[0XA000] = 0X00;
}
void cls_led( )　//关闭 LED

```c
{
    XBYTE[0X8000] = 0XFF;
}
void Delay5ms()              //@11.0592MHz
{
    unsigned char i, j;
    i = 54;
    j = 199;
    do
    {
        while ( --j);
    } while ( --i);
}
void write_com(uchar com)     //LCD1602 写命令
{
    LCDRS = 0;
    P0 = com;
    LCDEN = 1;
    Delay5ms();
    LCDEN = 0;
}
void write_date(uchar date)    //LCD1602 写数据
{
    LCDRS = 1;
    P0 = date;
    LCDEN = 1;                 //正脉冲写入
    Delay5ms();
    LCDEN = 0;
}
void init_lcd()

    LCDEN = 0;
    write_com(0x38);           //显示方式为 5×7 点阵,8 位数据口
    write_com(0x0c);           //开显示,不显示光标
    write_com(0x06);           //读写完一个字节后,地址指针加 1
    write_com(0x01);           //清屏
}
uchar BCD_Decimal(uchar bcd)//BCD 码转十进制数
```

```
{
  return(bcd/16 * 10 + bcd%16);
}
void write_time_to_lcd(uchar Addr,uchar Data)       //把时间写入指定的单元
{

  write_com(0x80 + Addr);
  write_date(0x30 + Data/10);
  Delay5ms();
  write_date(0x30 + Data%10);
  Delay5ms();

}
void TimerDisplay()
{
        write_time_to_lcd(0x03,Yearh);
        write_time_to_lcd(0x05,Year);
        write_date('-');
        write_time_to_lcd(0x08,Mon);
        write_date('-');
        write_time_to_lcd(0x0b,Day);
        write_time_to_lcd(0x44,Hour);
        write_date(':');
        write_time_to_lcd(0x47,Minute);
        write_date(':');
        write_time_to_lcd(0x4a,Second);
}


//主函数
void main(void)
{
  uchar TimerSave;
  uchar TimerSetMode;            //表示需要调整时间

  cls_buzz();cls_led();
  LCDRW = 0;
  AUXR |= 0x80;                   //T1 模式,定时 1ms
  TMOD & = 0xF0;
  TL0 = 0xCD;
```

```
        TH0 = 0xD4;
        TF0 = 0;
        ET0 = 1;
        EA = 1;
        TR0 = 1;


        init_lcd();
        Ds1302Init();

            while(1)
            {
                unsigned char key_temp = 0xff;
                if(KeyFlag)        //10ms 内进来一次
                    {
                        KeyFlag = 0;
                                key_temp = ReadKeyboard();  //读取键值
                                if(key_temp !  = 0xFF)
                                {
                                        switch(key_temp);
                                        {
                                        case 7:{
                                                TimerSetFlag = 1;//表示进入时间调整模式
                                                TimerSetMode + + ;//辨别是调整哪个
                                                //模式(1 年、2 月、3 日、4 时、5 分、6 秒)
                                                if(TimerSetMode > 6)    TimerSetMode = 1;
                                                key_value = 0xff;
                                                }break;
                                        case 6:{
                                                TimerSetFlag = 0;
                                                TimerSave = 1;
                                                key_value = 0xff;
                                                }      break;   //退出时间调整模式
                                        case 5:{
                                                switch(TimerSetMode)
                                                {
                                                case 1:{write_com(0x80 + 0x06);
                                                write_com(0x0f);
                                                //开显示,显示光标,光标闪烁
                                                Year + + ;
```

```
                    if( Year > 99 )
                    {
                    Year = 0 ;
                    Yearh + + ;
                    write_time_to_lcd( 0x03 , Yearh ) ;
                    }
                    write_time_to_lcd( 0x05 , Year ) ;
                    } break ;
            case 2 :
            write_com( 0x80 + 0x09 ) ;
            write_com( 0x0f ) ;
            Mon + + ;
            if( Mon > 12 )      Mon = 1 ;
            write_time_to_lcd( 0x08 , Mon ) ;
            } break ;
            case 3 : {
            write_com( 0x80 + 0x0c ) ;
            write_com( 0x0f ) ;
            Day + + ;
    if( Mon = = 1 | Mon = = 3 | Mon = = 5 | Mon = = 7 | Mon = = 8 | Mon = = 10 | Mon = = 12 )
    {
        if( Day > 31 )      Day = 1 ;
    }
    else if( Mon = = 2 )
    {

    if( ( Yearh * 100 + Year ) % 400 = = 0 | | ( Yearh * 100 + Year ) % 4 = = 0 && ( Yearh * 100 +
Year ) % 100 !   = 0 )
    //四年一闰,百年不闰,四百年再闰
                    {
                        if( Day > 29 )      Day = 1 ;
                    }
                    else
                    {
                    if( Day > 28 )      Day = 1 ;
                    }
                }
            else
            {
```

```
                if( Day > 30)        Day = 1;
            }
                write_time_to_lcd( 0x0b, Day) ;
        } break;
case 4 : {
        write_com( 0x80 + 0x45) ;
        write_com( 0x0f) ;
        Hour + + ;
        if( Hour > 23)        Hour = 0;
        write_time_to_lcd( 0x44, Hour) ;
        } ; break;
case 5 : {
        write_com( 0x80 + 0x48) ;
        write_com( 0x0f) ;
        Minute + + ;
        if( Minute > 59) Minute = 0;
        write_time_to_lcd( 0x47, Minute) ;
        } break;
case 6 : {
        write_com( 0x80 + 0x4b) ;
        write_com( 0x0f) ;
        Second + + ;
        if( Second > 59) Second = 0;
        write_time_to_lcd( 0x4a, Second) ;
        } break;
    default : break;

    key_value = 0xff;
} break;
case 4 : {
            switch( TimerSetMode)
            {
        case 1 : {
            write_com( 0x80 + 0x06) ;
            write_com( 0x0f) ;
            //开显示,显示光标,光标闪烁
            Year - - ;
            if( Year = = 255)
            {
```

```
                        Year = 99;
                        Yearh - - ;
                        write_time_to_lcd(0x03, Yearh);
                }
                write_time_to_lcd(0x05, Year);
                } break;
        case 2:{
                write_com(0x80 + 0x09);
                write_com(0x0f);
                Mon - - ;
                if(Mon = = 0)        Mon = 12;
                write_time_to_lcd(0x08, Mon);
                } break;
        case 3:{    write_com(0x80 + 0x0c);
                write_com(0x0f);
                Day - - ;
                if(Mon = = 1|Mon = = 3|Mon = = 5|Mon = = 7|Mon = = 8|Mon = = 10|Mon = = 12)
                {
                if(Day = = 0)        Day = 31;
                }
                else if(Mon = = 2)
                {
                if(Year%400 = = 0||(Year%4 = = 0&&Year%100! = 0))//四年一闰,百
年不闰,四百年再闰
                {
                        if(Day = = 0)        Day = 29;
                }
                else
                {
                if(Day = = 0)        Day = 28;
                }
                }
                else
                {
                if(Day = = 0)        Day = 30;
                }
                write_time_to_lcd(0x0b, Day);
                } break;
        case 4:{
```

```
                    write_com(0x80 + 0x45);
                    write_com(0x0f);
                    Hour − −;
                    if(Hour = = 255)Hour = 1;
                    write_time_to_lcd(0x44, Hour);
                    };break;
            case 5:{
                    write_com(0x80 + 0x48);
                    write_com(0x0f);
                    Minute − −;
                    if(Minute = = 255) Minute = 59;
                    write_time_to_lcd(0x47, Minute);
                    }break;
            case 6:{
                    write_com(0x80 + 0x4b);
                    write_com(0x0f);
                    Second − −;
                    if(Second = = 255) Second = 59;
                    write_time_to_lcd(0x4a, Second);
                    }break;
            default:break;
            }
            key_value = 0xff;
        }break;
            default:break;
        }
        if(TimerSave)      //调整结束把时间保存下来
        {
            TimerSave = 0;
            write_com(0x0c);      //开显示,不显示光标
            Ds1302_Single_Byte_Write(0x8e,0x00);      //关掉写保护
            Ds1302_Single_Byte_Write(0x80,Second/10 * 16 + Second%10);      //秒
            Ds1302_Single_Byte_Write(0x82,Minute/10 * 16 + Minute%10);      //分
            Ds1302_Single_Byte_Write(0x84,Hour/10 * 16 + Hour%10);      //时
            Ds1302_Single_Byte_Write(0x86,Day/10 * 16 + Day%10);      //日
            Ds1302_Single_Byte_Write(0x88,Mon/10 * 16 + Mon%10);      //月
            Ds1302_Single_Byte_Write(0x8c,Year/10 * 16 + Year%10);      //年
            Ds1302_Single_Byte_Write(0x8e,0x80);      //打开写保护
        }
```

```
        }
    }
        else      //正常显示
        {
            Second = BCD_Decimal(Ds1302_Single_Byte_Read(0x81));       //此处的 Second
是十六进制的秒,高 4 位表示十位,低 4 位表示个位
            Minute = BCD_Decimal(Ds1302_Single_Byte_Read(0x83));
            Hour = BCD_Decimal(Ds1302_Single_Byte_Read(0x85));
            Day = BCD_Decimal(Ds1302_Single_Byte_Read(0x87));
            Mon = BCD_Decimal(Ds1302_Single_Byte_Read(0x89));
            Year = BCD_Decimal(Ds1302_Single_Byte_Read(0x8d));

            TimerDisplay();
        }
    }
}


//定时器中断服务函数
void isr_timer_0(void)    interrupt 1    //默认中断优先级 1,1ms 进来一次
{
    if(++Task2 == 10)//任务 2,10ms 执行一次,按键扫描标志位
    {
        KeyFlag = 1;
        Task2 = 0;
    }
}



/***************key. c*********************/
#include "reg52.. h"
#include "absacc. h"
#include "intrins. h"


bit KeyFlag = 0;
bit key_re;
unsigned char key_press;
unsigned char key_value;
sbit Key_S4 = P3^3;
sbit Key_S5 = P3^2;
```

```c
sbit Key_S6 = P3^1;
sbit Key_S7 = P3^0;

unsigned char ReadKeyboard(void)
{
        P3 = 0XFF;
    if(P3 ! = 0XFF)        //有按键按下
        key_press + +;
        else
            key_press = 0;   //这里消除的抖动是在 3 次循环时间之内进来的

        if(key_press = = 3)   //可作为长按或者短按的时间控制,此处的 3 实际上是从主
循环函数进来的次数
        {
            key_press = 0;
            key_re = 1;

            if(Key_S4 = = 0)       key_value = 4;
            if(Key_S5 = = 0)       key_value = 5;
            if(Key_S6 = = 0)       key_value = 6;
            if(Key_S7 = = 0)       key_value = 7;
        }
        P3 = 0xff;

    if((((key_re = = 1) && (P3 = = 0xff)))        //按键没有释放进入不了这里
    {
        key_re = 0;
        return key_value;
    }


    return 0xff;  //无按键按下或被按下的按键未被释放
}

/ * * * * * * * * * * * * * * * ds1302. c * * * * * * * * * * * * * * * * * * /
/ * * * * * * * * * * * * * * * * * * * * * * * * * * * * * * * * * * * *
 * 文件名称:时钟芯片驱动程序
#include "reg52. . h"
#include "absacc. h"
#include "intrins. h"
```

```
sbit SCK = P1^7;
sbit SD = P2^3;
sbit RST = P1^3;
/* * * * * * * * * * * * * * * * * * * * * * * * * * * * * * * */
/* 复位脚 */
#define RST_CLRRST = 0/* 电平置低 */
#define RST_SETRST = 1/* 电平置高 */
/* 双向数据 */
#define SDA_CLRSD = 0/* 电平置低 */
#define SDA_SETSD = 1/* 电平置高 */
#define SDA_R    SD/* 电平读取 */
/* 时钟信号 */
#define SCK_CLRSCK = 0/* 时钟信号 */
#define SCK_SETSCK = 1/* 电平置高 */


/* * * * * * * * * * * * * * * * * * * * * * * * * * * * * * * */
/* 单字节写入一字节数据 */
void Write_Ds1302_Byte(unsigned char dat)
{
    unsigned char i;
    SCK = 0;
    for (i = 0;i < 8;i + +)
    {
        if (dat & 0x01)     // 等价于 if((addr & 0x01) = =1)
        {
            SDA_SET;    //#define SDA_SET SDA = 1 /* 电平置高 */
        }
        else
        {
            SDA_CLR; //#define SDA_CLR SDA = 0 /* 电平置低 */
        }
        SCK_SET;
        SCK_CLR;
        dat = dat > > 1;
    }
}
/* * * * * * * * * * * * * * * * * * * * * * * * * * * * * * * */
/* 单字节读出一字节数据 */
unsigned char Read_Ds1302_Byte(void)
```

```
{
    unsigned char i, dat = 0;
    for (i = 0;i < 8;i + +)
    {
        dat = dat >> 1;
        if (SDA_R)    //等价于 if(SDA_R = = 1)   #define SDA_R SDA /* 电平读取 */
        {
            dat | = 0x80;
        }
        else
        {
            dat & = 0x7F;
        }
        SCK_SET;
        SCK_CLR;
    }
    return dat;
}
/* * * * * * * * * * * * * * * * * * * * * * * * * * * * * * * * * * * * * */
/* 向 DS1302 单字节写入一字节数据 */
void Ds1302_Single_Byte_Write(unsigned char addr, unsigned char dat)
{

    RST_CLR;     /* RST 脚置低,实现 DS1302 的初始化 */
    SCK_CLR;     /* SCK 脚置低,实现 DS1302 的初始化 */

    RST_SET;     /* 启动 DS1302 总线,RST = 1 电平置高 */
    addr = addr & 0xFE;
    Write_Ds1302_Byte(addr);     /* 写入目标地址:addr,保证是写操作,写之前将最低
位置零 */
    Write_Ds1302_Byte(dat);     /* 写入数据:dat */
    RST_CLR;          /* 停止 DS1302 总线 */

    SDA_CLR;
}
/* * * * * * * * * * * * * * * * * * * * * * * * * * * * * * * * * * * * * */
/* 从 DS1302 单字节读出一字节数据 */
unsigned char Ds1302_Single_Byte_Read(unsigned char addr)
{
```

```
    unsigned char temp;
    RST_CLR;      /* RST 脚置低,实现 DS1302 的初始化 */
    SCK_CLR;        /* SCK 脚置低,实现 DS1302 的初始化 */

    RST_SET;/* 启动 DS1302 总线,RST = 1 电平置高 */
    addr = addr | 0x01;
    Write_Ds1302_Byte(addr);/* 写入目标地址:addr,保证是读操作,写之前将最低位置
高 */

    temp = Read_Ds1302_Byte();/* 从 DS1302 中读出一个字节的数据 */
    RST_CLR;/* 停止 DS1302 总线 */

    SDA_CLR;
    return temp;
}
void Ds1302Init(void)
{
    Ds1302_Single_Byte_Write(0x8e,0x00);//关掉写保护
    Ds1302_Single_Byte_Write(0x80,0x56);//秒
    Ds1302_Single_Byte_Write(0x82,0x59);//分
    Ds1302_Single_Byte_Write(0x84,0x23);//时
    Ds1302_Single_Byte_Write(0x86,0x18);//日
    Ds1302_Single_Byte_Write(0x88,0x06);//月
    Ds1302_Single_Byte_Write(0x8c,0x18);//年
    Ds1302_Single_Byte_Write(0x8e,0x80);//打开写保护
}
/* * * * * * * * * * * * * key. h * * * * * * * * * * * * * * * * * */
#ifndef _KEY_H_
#define  _KEY_H_
unsigned char ReadKeyboard(void);
#endif
/* * * * * * * * * * * * * * * * * * * * * * * * * * * * * * * * * * */
/* * * * * * * * * * * ds1302. h * * * * * * * * * * * * * * * * */
#ifndef _DS1302_H_
#define _DS1302_H_
void Write_Ds1302_Byte(unsigned char dat);
unsigned char Read_Ds1302_Byte(void);
void Ds1302_Single_Byte_Write(unsigned char addr, unsigned char dat);
unsigned char Ds1302_Single_Byte_Read(unsigned char addr);
void Ds1302Init(void);
```

#endif

/ * /

本章小结

这里采用模块化的设计思路，分别设计了主程序模块 main.c、按键扫描模块 key.c、时钟模块 ds1302.c 和液晶显示模块 lcd1602.c，只要在主程序中把包含相应模块的头文件包含进来，我们就可以调用模块中的程序，这样做的好处是方便程序的移植。

实训项目

编写程序实现以下功能要求：
（1）读取温度值并显示在 LCD 的第一行前半部分；
（2）能够通过按键设置温度上下限，报警值显示在 LCD 的第一行后半部分；
（3）系统时间显示在 LCD 的第二行上；
（4）超出范围，系统启动声光报警。

第16章 综合应用设计

教学目标

1. 通过本章的学习，使学生理解单总线（1 – Wire）串行总线通信协议。
2. 掌握按键扫描、数码管动态扫描的程序设计方法。
3. 掌握产生 PWM 波的设计方法

重点内容

1. 1 – Wire 串行总线协议及其单片机驱动程序的编写。
2. PWM 波的应用程序开发。

本章节内容以蓝桥杯单片机设计与开发科目历年真题为例。以下是第七届蓝桥杯全国软件和信息技术专业人才大赛个人赛（电子类）省赛单片机设计与开发科目的真题。

16.1 模拟风扇控制系统设计

功能简述：模拟风扇控制系统能够模拟电风扇工作，通过按键控制风扇的转动速度和定时时间，数码管实时显示风扇的工作模式，动态倒计时显示剩余的定时时间，系统主要由数码管显示、单片机最小系统、按键输入和电动机控制保护电路组成，系统框图如图 16-1 所示。

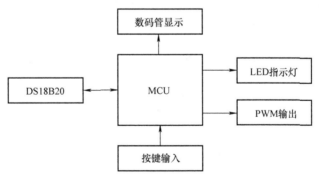

图 16-1　系统框图

1. 工作模式

设备具有"睡眠风""自然风"和"常风"三种工作模式，可以通过按键切换，通过单片机 P3.4 引脚输出脉宽调制信号控制电动机运行状态，信号频率为 1kHz。

（1）"睡眠风"模式下，对应 PWM 占空比为 20%。

（2）"自然风"模式下，对应 PWM 占空比为 30%。

（3）"常风"模式下，对应 PWM 占空比为 70%。

2. 数码管显示

数码管实时显示设备当前工作模式和剩余工作时间（倒计时），如图 16-2 所示。

图 16-2　数字管显示

"睡眠风"状态下，对应数码管显示数值为 1；自然风模式下，显示数值为 2；常风模式下，显示数值为 3。

3. 按键控制

使用 S4、S5、S6、S7 四个按键完成按键控制功能。

（1）按键 S4 定义为工作模式切换按键，每次按下 S4，设备循环切换三种工作模式。工作过程如下：

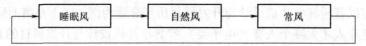

（2）按键 S5 定义为"定时按键"每次按下 S5，定时时间增加 1min，设备的剩余工作时间重置为当前定时时间，重新开始倒计时，工作过程如下：

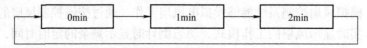

设备剩余工作时间为 0 时，停止 PWM 信号输出。

（3）按键 S6 定义为"停止"按键，按下 S6 按键，立即清零剩余工作时间，PWM 信号停止输出，直到通过 S5 重新设置定时时间。

（4）按键 S7 定义为"室温"按键，按下 S7，通过数码管显示当前室温，数码管显示格式如图 16-3 所示，再次按下 S7，返回图 16-2 所示的工作模式和显示剩余工作时间。

图 16-3　室温显示界面

4. LED 指示灯

"睡眠风"模式下 L1 点亮；"自然风"模式下 L2 点亮；"常风"模式下 L3 点亮；按下停止按键或倒计时结束时，LED 全部熄灭。

16.2　智能物料传送系统设计

智能物料传送系统能够实现货物类型判断、过载监测、紧急停止和系统参数存储记录等功能。系统硬件部分主要由按键电路、显示电路、数据存储电路、传感器检测电路及单片机系统组成，系统框图如图 16-4 所示。

1. 过载监测与货物类型识别

（1）空载、过载监测。使用电位器 Rb2 输出电压 V_o，模拟压力变送器输出，设备实时采集电位器输出电压，完成货物空载、过载监测功能。电位器与 PCF8591 的连接电路图如图 16-5 所示。

1）当 $0 < V_o < 1V$ 时，判断为空载，L1 点亮。

2）当 $1 \leqslant V_o < 4V$ 时，判断为非空载，货物被填装到传送起始位置，L2 点亮。

3）当 $V_o \geqslant 4V$ 时，判断为过载状态，L3 以 0.5s 为间隔闪烁提醒，蜂鸣器报警提示。

说明：空载状态下，所有数码管熄灭。

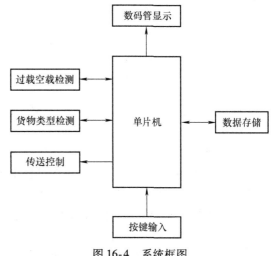

图 16-4　系统框图

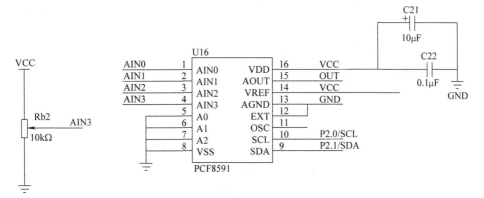

图 16-5　电位器与 PCF8591 连接电路图

（2）货物类型判断。货物被填装到传送起始位置后，系统启动超声波测距功能，完成货物类型判断，数码管显示界面如图 16-6 所示。

1）当超声探头与货物之间的距离小于等于 30cm 时判断为 Ⅰ 类货物。

2）当超声探头与货物之间的距离大于 30cm 时判断为 Ⅱ 类货物。

1	8	8	3	2	8	8	2
界面编号	熄灭	熄灭	距离：32cm		熄灭	熄灭	Ⅱ类货物

图 16-6　数码管显示界面 Ⅰ——货物类型显示

说明：

① 货物类型显示格式：Ⅰ 类货物用数字 1，Ⅱ 类货物用数字 2。

② A3 草稿纸短边接近 30cm，可用于验证测距结果。

2. 货物传送

在非空载、非过载的前提下，通过按键控制继电器吸合，启动货物传送过程，并通过数码管实时显示剩余的传送时间，倒计时结束后，继电器自动断开，完成本次传送过程，数码管显示格式如图 16-7 所示。

2	8	8	8	8	8	0	1
界面编号	熄灭					剩余传送时间: 1s	

图 16-7　数码管显示界面 2——剩余传送时间显示

说明：继电器吸合时，指示灯 L10 点亮，断开时 L10 熄灭。

3. **按键功能描述**

（1）按键 S4 定义为"启动传送"按键，按键按下后，启动货物传送过程。

说明：按键 S4 在空载、过载、传送过程中无效。

（2）按键 S5 定义为"紧急停止"按键，按键按下后，继电器立即断开，指示灯 L4 以 0.5s 为间隔闪烁，剩余传送时间计时停止。再次按下 S5，传送过程恢复，L4 熄灭，恢复倒计时功能，继电器吸合，直到本次传送完成。

说明：按键 S5 仅在传送过程中有效。

（3）按键 S6 定义为"设置"按键，按下 S6 按键，调整 I 类货物传送时间，再次按下 S6 按键，调整 II 类货物传送时间，第三次按下 S6，保存调整后的传送时间到 E^2PROM，并关闭数码管显示。设置过程中数码管显示界面如图 16-8 所示。

3	8	8	0	2	8	0	4
界面编号	熄灭		I 类: 传送时间2s		熄灭	II 类: 传送时间4s	

图 16-8　数码管显示界面 3——传送时间设置界面

说明：

① 货物传送时间可设定范围为 1～10s，通过按键 S7 调整。

② "设置"按键 S6、"调整"按键 S7 仅在空载状态下有效。

③ 通过按键 S6 切换选择到不同货物类型的传送时间时，显示该类货物传送时间的数码管闪烁。

4. **数据存储**

I、II 类型货物的传送时间在设置完成后需要保存到 E^2PROM 中，设备重新上电后，能够恢复最近一次的传送时间配置信息。

5. **上电初始化状态与工作流程说明**

（1）I 类设备默认传送时间为 2s，II 类设备为 4s。

（2）将 Rb2 输出电压调整到最小值，确保设备处于空载状态。

本章小结

学会模块化、状态机设计等编程思路。注重细节。

实训项目

编程实现第九届蓝桥杯电子类国赛题目。

第 17 章　单片机应用系统设计方法

教学目标
1. 了解单片机应用系统的一般设计步骤。
2. 掌握提高单片机应用系统可靠性的方法。
3. 提高单片机应用系统软件设计的方法。
重点内容
1. 单片机应用系统的一般设计步骤。
2. 单片机应用系统软硬件可靠性措施。

单片机应用系统通常作为系统的最前端，设计时更应注意应用现场的工程实际问题，使系统的可靠性能够满足用户的要求。

17.1　单片机应用系统设计过程

17.1.1　系统设计的基本要求

1. 可靠性高

单片机系统的任务是系统前端信号的采集和控制输出，一旦系统出现故障，必将造成整个生产过程的混乱和失控，从而产生严重的后果，因此对可靠性的考虑应贯穿于单片机应用系统设计的整个过程。

首先，在系统规划时要对系统应用环境进行细致地了解，认真分析可能出现的各种影响系统可靠性的因素，采取切实可行的措施排除可能出现的故障隐患；其次，在总体设计时应考虑系统的故障自动检测和处理功能；然后，在系统运行时，定时地进行各个功能模块的自诊断，并对外界的异常情况做出快速处理，对于无法解决的问题，应及时切换到后备装置或报警。

2. 使用方便

在观念上，系统设计应注重使用和编修方便，尽量降低对操作人员的计算机专业知识的要求，以便于系统的广泛使用。

具体功能上，系统的控制开关不能太多，操作应简单明了；参数的输入/输出应采用十进制，功能符号要简明直观。实施方案上，硬件和软件都要模块化，便于功能升级和运行维护。

3. 性价比高

为了使系统具有良好的市场竞争力，在提高系统功能指标的同时，还要优化系统设计，采用硬件软化技术提高系统的性能价格比。

17.1.2 系统设计的步骤

1. 确定任务

单片机应用系统可以分为智能仪器仪表和工业测控系统两大类。无论哪一类，都必须以市场需求为前提。所以，在系统设计之前，首先要进行广泛的市场调查，了解该系统的市场应用概况，分析系统当前存在的问题，研究系统的市场前景，确定系统开发设计的目的和目标。简单地说，就是通过调研克服已有缺点，开发新功能。

在确定了大的方向基础上，就应该对系统的具体实现进行规划，包括应该采集的信号种类、数量、范围、输出信号的匹配和转换，控制算法的选择，技术指标的确定等。

2. 方案设计

确定了研制任务后，就可以进行系统的总体方案设计。包括：

（1）单片机型号的选择。

功能上要适合完成的任务，避免过多的资源闲置。性价比要高，以提高整个系统的性能价格比。结构要熟悉，以缩短开发周期。货源要稳定，有利于批量的增加和系统的维护。

（2）硬件与软件的功能划分。

系统的硬件和软件要进行统一规划。因为一种功能往往是既可以由硬件实现，又可以由软件实现。要根据系统的实时性和系统的性能要求综合考虑。

一般情况下，用硬件实现速度比较快，可以节省 CPU 的时间，但系统的硬件接线复杂、系统成本较高；用软件实现较为经济，但要更多地占用 CPU 的时间。所以，在 CPU 时间不紧张的情况下，应尽量采用软件。如果系统回路多，实时性要求强，则考虑用硬件完成。

例如，在显示接口电路设计时，为了降低成本可以采用软件译码的动态显示电路。但是，如果系统的采样路数多、数据处理量大时，则应改为硬件静态显示。

（3）应采取的可靠性措施。

原理实现与现场应用在具体电路上有许多不同，可靠性措施是现场应用的基本前提。

3. 硬件设计

硬件的设计是根据总体设计要求，在选择完单片机机型的基础上，具体确定系统中所要用的元器件，并设计系统的电路原理图，经过必要的实验后完成工艺结构设计、电路板制作和样机的组装。主要硬件设计包括：

（1）单片机基本系统设计。主要完成时钟电路、复位电路、供电电路的设计。

（2）扩展电路和输入/输出通道设计。主要完成程序存储器、数据存储器、I/O 接口电路的设计及传感器电路、放大电路、多路开关、A/D 转换电路、开关量接口电路、驱动及执行机构电路的设计。

（3）人机界面设计。主要完成按键、开关、显示器、报警等电路的设计。

4. 软件设计

应用软件包括数据采集和处理程序、控制算法实现程序、人机交互程序、数据管理程序。软件设计通常采用模块化程序设计、自顶向下的程序设计方法，如图 17-1 所示。

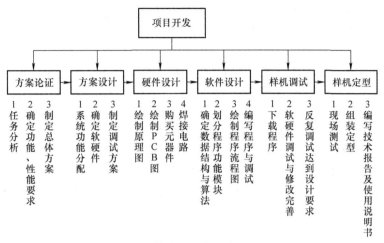

图 17-1　单片机系统设计开发过程

17.2　提高系统可靠性的一般方法

17.2.1　电源干扰及其抑制

在影响单片机系统可靠性的诸多因素中，电源干扰可谓首屈一指。据统计，计算机应用系统运行故障有 90% 以上是由电源噪声引起的。

1. 交流电源干扰及其抑制

多数情况下，单片机应用系统都使用交流 220V、50Hz 的电源供电。在工业现场中，生产负荷的经常变化，大型用电设备的起动和停止，往往会造成电源电压的波动，有时还会产生尖峰脉冲，如图 17-2 所示。这种高能尖峰脉冲的幅度约在 50 ~ 4000V 之间，持续时间为几个纳秒，它对计算机应用系统的影响最大，能使系统的程序"跑飞"或使系统造成"死机"。因此，一方面要使系统尽量远离这些干扰源，另一方面可以采用交流电源滤波器减小它的影响。这种滤波器是一种无源四端网络，如图 17-3 所示。

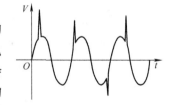

图 17-2　电网上的尖峰干扰

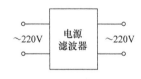

图 17-3　交流电源滤波器

为了提高系统供电的可靠性，还应采用交流稳压器，防止电源的过电压和欠电压；还要采用 1:1 隔离变压器，防止干扰通过电容进入单片机供电系统，如图 17-4 所示。

2. 直流电源抗干扰措施

（1）采用高质量集成稳压电路单独供电。

单片机的应用系统中往往需要几种不同电压等级的直流电源。这时，可以采用相应的低纹波高质量集成稳压电路。每个稳压电路单独对电压过

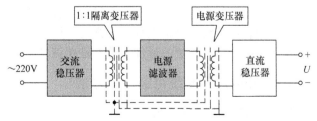

图 17-4　交流电流综合配置

载进行保护，因此不会因某个电路出现故障而使整个系统遭到破坏。而且也减少了公共阻抗的互相耦合，从而使供电系统的可靠性大大提高。

（2）采用直流开关电源。

直流开关电源是一种脉宽调制型电源。它省掉了传统的工频变压器，具有体积小、重量轻、效率高、电网电压范围宽、变化时不易输出过电压和欠电压，在计算机应用系统中应用非常广泛。这种电源一般都有几个独立的电压输出，如 ±5V、±12V、±24V 等，电网电压波动范围可达到220V 的 +10% ~ -20%，同时直流开关电源还具有较好的一次、二次隔离作用。

（3）采用 DC – DC 变换器。

如果系统供电电网波动较大，或者精度要求高，可以采用 DC – DC 变换器。DC – DC 变换器的特点是，输入电压范围大、输出电压稳定且可调整、效率高、体积小、有多种封装形式。

17.2.2　地线干扰及其抑制

在计算机应用系统中，接地是一个非常重要的问题。接地问题处理的正确与否，将直接影响系统的正常工作。

1. 一点接地和多点接地的应用

在低频电路中，布线和元器件间的寄生电感影响不大，因而常采用一点接地，以减少地线造成的地环路。在高频电路中，布线和元器件间的寄生电感及分布电容将造成各接地线间的耦合，影响比较突出，此时应采用多点接地。

在实际应用中，频率小于 1MHz 时，采用一点接地，频率高于 10MHz 时，采用多点接地；频率处于 1 ~ 10MHz 时，若采用一点接地，其地线长度不应超过波长的 1/20。否则，应采用多点接地。

2. 数字地和模拟地的连接原则

数字地是指 TTL 或 CMOS 芯片、I/O 接口电路芯片、CPU 芯片等数字逻辑电路的接地端，以及 A/D、D/A 转换器的数字地。模拟地是指放大器、采样保持器和 A/D、D/A 转换中模拟信号的接地端。在单片机系统中，数字地和模拟地应分别接地。即使一个芯片上有两种地也要分别接地，然后在一点处把两种地连接起来，否则数字回路的地线电流会通过模拟电路的地线再返回到数字电源，这将会对模拟信号产生严重影响。

3. 印制电路板的地线分布原则

1）TTL、COMS 器件的接地线要呈辐射网状，避免环形。

2）地线宽度要根据通过电流大小而定，最好不小于 3mm。在可能的情况下，地线尽量加宽。

3）旁路电容的地线不要太长。

4）功率地线应较宽，必须与小信号地分开。

4. 信号电缆屏蔽层的接地

信号电缆可以采用双绞线和多芯线，又有屏蔽和无屏蔽两种情况。双绞线具有抑制电磁干扰的作用，屏蔽线具有抑制静电干扰的作用。

对于屏蔽线，屏蔽层的最佳接地点是在信号源侧（一点接地）。

17.2.3　其他提高系统可靠性的方法

1. 使用微处理器监控电路

为了提高系统的可靠性，许多芯片生产厂推出了微处理器监控芯片，这些芯片具有如下功能：上电复位；监控电压变化；watchdog 功能；片使能；备份电池切换开关等。

典型产品如美国 Maxim 公司推出的 MAX690A／MAX692A 等。美国 IMP 公司生产的 IMP706 等。

2. 软件抗干扰措施

（1）输入／输出抗干扰。

对于开关量的输入，在软件上可以采取多次读入的方法，几次读入经比较无误后，再行确认。开关量输出时，可以对输出量进行回读，经比较确认无误后再输出。对于按键及开关，要用软件延时的办法避免机械抖动造成的误读。

在条件控制中，对于条件控制的一次采样、处理、控制输出，应改为循环地采样、处理、控制输出。避免偶然性地干扰造成的误输出。

当单片机输出一个控制命令时，相应的执行机构就会动作，此时可能伴随火花、电弧等干扰。这些干扰可能会改变端口状态寄存器中的内容。对于这种情况，可以在发出输出命令后，执行机构动作前调用保护程序。保护程序不断地输出状态表的内容到端口状态寄存器，以维持正确的输出。

（2）避免系统"死机"的方法。

除了采用硬件 watchdog 外，还可以设立软件陷阱防止系统失控。办法是在未用到的中断矢量区及其他未使用的 EPROM 区设置如下指令：

```
NOP
NOP
LJMP 0000H
```

本章小结

单片机应用系统设计的基本要求是具有较高的可靠性，使用和维修要方便，并应该具有良好的性能价格比。单片机应用系统设计的步骤为：确定任务、方案设计、硬件设计和软件设计。

为了提高单片机应用系统的可靠性，在应用系统的电源、接地、硬件和软件监控等方面要采取一定的可靠性措施。数据采集是利用单片机完成测控最为基本的任务。由于使用要求和环境的不同，系统构成的方案、器件选择会具有较大的差异，应根据具体情况灵活处理。

51 单片机是众多型号单片机的代表，其基本原理可以推而广之。但系统设计人员应该对当前流行的单片机主流机型有充分的了解，从而可以选择最为合适的机型。

实训项目

学生自行设计一个简易的温度报警记录器，要求如下：

（1）完成硬件设计，设计 PCB 板，并制板；

（2）购买元器件，焊接电路板；

（3）编写程序并调试。

附录 常用 ASCII 码表

十进制码	缩写/字符	含义	十进制码	缩写/字符	含义	十进制码	缩写/字符	含义	十进制码	缩写/字符	含义
0	NUL	空字符	33	!		66	B		99	c	
1	SOH	标题开始	34	"		67	C		100	d	
2	STX	正文开始	35	#		68	D		101	e	
3	ETX	正文结束	36	$		69	E		102	f	
4	EOT	传输结束	37	%		70	F		103	g	
5	ENQ	请求	38	&		71	G		104	h	
6	ACK	收到通知	39	'		72	H		105	i	
7	BEL	响铃	40	(		73	I		106	j	
8	BS	退格	41	)		74	J		107	k	
9	HT	水平制表符	42	*		75	K		108	l	
10	LF	换行键	43	+		76	L		109	m	
11	VT	垂直制表符	44	,		77	M		110	n	
12	FF	换页键	45	–		78	N		111	o	
13	CR	回车键	46	.		79	O		112	p	
14	SO	不用切换	47	/		80	P		113	q	
15	SI	启用切换	48	0		81	Q		114	r	
16	DLE	数据链路转义	49	1		82	R		115	s	
17	DC1	设备控制1	50	2		83	S		116	t	
18	DC2	设备控制2	51	3		84	T		117	u	
19	DC3	设备控制3	52	4		85	U		118	v	
20	DC4	设备控制4	53	5		86	V		119	w	
21	NAK	拒绝接收	54	6		87	W		120	x	
22	SYN	同步空闲	55	7		88	X		121	y	
23	ETB	传输块结束	56	8		89	Y		122	z	
24	CAN	取消	57	9		90	Z		123	{	
25	EM	介质中断	58	:		91	[		124			
26	SUB	替补	59	;		92	\		125	}	
27	ESC	溢出	60	<		93	]		126	~	
28	FS	文件分割符	61	=		94	^		127	DEL	删除
29	GS	分组符	62	>		95	_				
30	RS	记录分离符	63	?		96	`				
31	US	单元分隔符	64	@		97	a				
32	space	空格	65	A		98	b				

参 考 文 献

[1] 李全利. 单片机原理及接口技术 [M]. 2 版. 北京：高等教育出版社，2011.

[2] 宋雪松，李冬明，等. 手把手教你学 51 单片机 [M]. 北京：清华大学出版社，2017.

[3] 孙鹏. 51 单片机 C 语言学习之道 [M]. 北京：清华大学出版社，2018.

[4] 丁向荣. 单片微机原理与接口技术——基于 STC15W4K32S4 系列单片机 [M]. 北京：电子工业出版社，2015.

[5] 宋跃. 单片微机原理与接口技术 [M]. 2 版. 北京：电子工业出版社，2015.

[6] 丁向荣. 单片微机原理与接口技术 [M]. 北京：电子工业出版社，2012.

[7] 宏晶科技. STC89C52RC 单片机技术手册 [Z]. 2014.

[8] 侯玉宝，陈忠平，等. 51 单片机 C 语言程序设计经典实例 [M]. 北京：电子工业出版社，2016.

参考文献